# 动物图鉴

余大为　韩雨江　李宏蕾◎主编

吉林科学技术出版社

图书在版编目（CIP）数据

动物图鉴 / 余大为, 韩雨江, 李宏蕾主编. -- 长春:
吉林科学技术出版社, 2024.1
 ISBN 978-7-5744-1031-2

Ⅰ.①动… Ⅱ.①余… ②韩… ③李… Ⅲ.①动物—
图集 Ⅳ.①Q95-64

中国国家版本馆CIP数据核字(2023)第251213号

# 动物图鉴
DONGWU TUJIAN

| 主　　编 | 余大为　韩雨江　李宏蕾 |
| --- | --- |
| 出 版 人 | 宛　霞 |
| 责任编辑 | 李思言 |
| 助理编辑 | 丑人荣　穆思蒙　王聪会　汪雪君　张　超　郑宏宇 |
| 制　　版 | 长春美印图文设计有限公司 |
| 封面设计 | 长春美印图文设计有限公司 |
| 幅面尺寸 | 167 mm × 235 mm |
| 开　　本 | 16 |
| 字　　数 | 250千字 |
| 印　　张 | 14 |
| 印　　数 | 1-20 000册 |
| 版　　次 | 2024年1月第1版 |
| 印　　次 | 2024年1月第1次印刷 |

| 出　　版 | 吉林科学技术出版社 |
| --- | --- |
| 发　　行 | 吉林科学技术出版社 |
| 地　　址 | 长春市福祉大路5788号出版集团A座 |
| 邮　　编 | 130118 |
| 发行部电话/传真 | 0431-81629529　81629530　81629531 |
|  | 81629532　81629533　81629534 |
| 储运部电话 | 0431-86059116 |
| 编辑部电话 | 0431-81629380 |
| 印　　刷 | 吉林省吉广国际广告股份有限公司 |

| 书　　号 | ISBN 978-7-5744-1031-2 |
| --- | --- |
| 定　　价 | 88.00元 |

如有印装质量问题　可寄出版社调换
版权所有　翻印必究　举报电话: 0431-81629380

FOREWORD

# 前　言

　　亲爱的读者朋友，欢迎来到集艺术、美学与科普知识为一体的概览性博物学世界。

　　博物学将人类与世界万物紧密相连，这一门古老的科学一直由人类的好奇心所驱动，人类将世间万物进行命名、分类、描述，以此不断与世间万物交手。

　　即将呈现在您面前的是一套由武器、枪、宇宙、太空、植物、恐龙、海洋、动物八大主题构成的图鉴类图书，旨在通过图文结合的方式，将人类宏观尺度上对自我与世界关系的认知一一呈现，通过图书，带领大家近距离去看、去辨别、去感受自然世界和人类社会的各种奥秘。

　　"图鉴"系列图书纸张厚韧，以高品质的印刷工艺高度还原万物，力求为读者朋友们带来或震撼、或壮观、或精致、或可爱、或绚烂的视觉体验。宇宙到底有多大？天空外面有什么？地球内部什么样？大海深处藏着什么秘密？枪械、坦克、战机、战舰是如何运转的？恐龙到底是怎样存在的？哪些植物有毒，哪些植物能食用，哪些植物是药材？动物的生存方式与看家本领有哪些？通过该系列图书，相信你会产生更多的疑惑，也会得到更多的答案。

　　八个经典视角，覆盖范围广泛，知识丰富，逻辑清晰，语意简明，制作精良，既适合典藏阅读，陶冶情操，亦可以满足青少年对世界的好奇和探索。将现代科学与人文精神通过阅读注入生活，尝试洞悉可持续发展的原则与自古以来的人文主义思想，开阔视野，激发潜能。

　　好奇心是人类与生俱来的本能，亦是人类挖掘世界的后驱力。而阅读正是人类满足好奇心的一剂良方，通过阅读该系列图书来对世间万物剥茧抽丝，这份由挖掘带来的获取知识的快乐理应由正在阅读的你享受。

# 目 录

| 第一章　哺乳动物 | | 斑　马 | 36 |
|---|---|---|---|
| 大熊猫 | 10 | 长颈鹿 | 38 |
| 老　虎 | 12 | 浣　熊 | 40 |
| 非洲狮 | 14 | 袋　鼠 | 42 |
| 非洲象 | 16 | 刺　猬 | 44 |
| 猎　豹 | 18 | 大猩猩 | 46 |
| 非洲水牛 | 20 | 树　懒 | 48 |
| 狼 | 22 | 树袋熊 | 50 |
| 蜜　獾 | 24 | 棕　熊 | 52 |
| 大犰狳 | 26 | 雪　豹 | 54 |
| 狰　猁 | 28 | 小熊猫 | 56 |
| 犀　牛 | 30 | 北极熊 | 58 |
| 瞪　羚 | 32 | 北极狐 | 60 |
| 角　马 | 34 | 北极兔 | 62 |

| | |
|---|---|
| 水　獭 | 64 |
| 河　马 | 66 |
| 骆　驼 | 68 |

## 第二章　海洋生物

| | |
|---|---|
| 海　马 | 72 |
| 叶海龙 | 74 |
| 蝠　鲼 | 76 |
| 鲸　鲨 | 78 |
| 大白鲨 | 80 |
| 锯　鳐 | 82 |
| 小丑鱼 | 84 |
| 海　鳗 | 86 |
| 沙丁鱼 | 88 |
| 蓝　鲸 | 90 |

| | |
|---|---|
| 白　鲸 | 92 |
| 抹香鲸 | 94 |
| 虎　鲸 | 96 |
| 座头鲸 | 98 |
| 海　狮 | 100 |
| 海　象 | 102 |
| 海　豚 | 104 |
| 螺与贝 | 106 |
| 海　兔 | 108 |
| 乌　贼 | 110 |
| 水　母 | 112 |
| 海　星 | 114 |

## 第三章　两栖和爬行动物

| | |
|---|---|
| 墨西哥钝口螈 | 118 |

| | | | |
|---|---|---|---|
| 冠欧螈 | 120 | 棱皮龟 | 148 |
| 树 蛙 | 122 | 草 龟 | 150 |
| 箭毒蛙 | 124 | 象 龟 | 152 |
| 眼镜蛇 | 126 | 枯叶龟 | 154 |
| 竹叶青蛇 | 128 | 扬子鳄 | 156 |
| 王 蛇 | 130 | | |

## 第四章 鸟 类

| | | | |
|---|---|---|---|
| 希拉毒蜥 | 132 | 伯 劳 | 160 |
| 巨 蜥 | 134 | 绣眼鸟 | 162 |
| 变色龙 | 136 | 黄 鹂 | 164 |
| 绿鬣蜥 | 138 | 乌 鸦 | 166 |
| 双冠蜥 | 140 | 喜 鹊 | 168 |
| 飞 蜥 | 142 | 鸳 鸯 | 170 |
| 楔齿蜥 | 144 | 鹈 鹕 | 172 |
| 绿蠵龟 | 146 | 鸬 鹚 | 174 |

| | |
|---|---|
| 大　雁 | 176 |
| 海　鸥 | 178 |
| 贼　鸥 | 180 |
| 绿头鸭 | 182 |
| 鲣　鸟 | 184 |
| 军舰鸟 | 186 |
| 天　鹅 | 188 |
| 帝企鹅 | 190 |
| 信天翁 | 192 |
| 白　鹭 | 194 |
| 白　鹳 | 196 |
| 朱　鹮 | 198 |

| | |
|---|---|
| 丹顶鹤 | 200 |
| 火烈鸟 | 202 |
| 白头海雕 | 204 |
| 金　雕 | 206 |
| 秃　鹫 | 208 |
| 雪　鸮 | 210 |
| 孔　雀 | 212 |
| 鸽　子 | 214 |
| 鸵　鸟 | 216 |
| 金刚鹦鹉 | 218 |
| 啄木鸟 | 220 |
| 戴　胜 | 222 |

CHAPTER 1

# 第 一 章
# 哺乳动物

# 大熊猫

胖胖的身子，圆圆的耳朵，大大的"黑眼圈"，没错，这就是我们可爱的国宝大熊猫。提起大熊猫，我们都会想到它们圆滚滚的身形和憨态可掬的样子。大熊猫对生存环境可是很挑剔的，只生活在我国四川、陕西和甘肃省的山区，它们可是我们的重点保护对象，是我们中国的国宝呢！大熊猫的毛色呈黑白色，颜色分布很有规律，白色的身体，黑色的耳朵，黑色的四肢，还有一对大大的"黑眼圈"，非常有趣。它们走路时壮硕的身体左右摆动，可爱极了。

## 科普小课堂

**体长**·120～180厘米

**食性**·杂食性

**分类**·食肉目熊科熊猫亚科

**特征**·黑白的毛色，有两个"黑眼圈"

# 老 虎

不是谁都能当丛林中的百兽之王！只要提到"百兽之王"，我们第一个就会想到威风凛凛的老虎，百兽之王的宝座确实非老虎莫属。为什么只有老虎才称得上是百兽之王呢？因为老虎体态雄伟，强壮高大，是顶级的掠食者，其中东北虎是世界上体形最大的猫科动物。老虎的皮毛大多数呈黄色，带有黑色的花纹，脑袋圆圆的，尾巴又粗又长，生活在丛林之中，从南方的雨林到北方的针叶林中都有分布。

第一章 哺乳动物

**科普小课堂**

**体长·** 最长可达 340 厘米

**食性·** 肉食性

**分类·** 食肉目猫科

**特征·** 皮毛上有黑色的斑纹

# 非洲狮

谁才是真正的草原霸主？答案一定是非洲狮了。非洲狮是非洲最大的猫科动物，也是世界上第二大的猫科动物。它们体形健壮，四肢有力，头大而圆，爪子非常锋利并且可以伸缩。在非洲狮面前，大多数肉食性动物都处于劣势地位。非洲狮长着发达的犬齿和裂齿，是非洲的顶级掠食者，非洲的绝大多数植食性动物都是它们的食物。在狮群中，雌狮主要负责捕猎，雄狮则负责保卫领地。和其他猫科动物一样，它们也喜欢在白天睡觉，虽然强壮的狮子在白天也可以捕捉到猎物，但是清晨和夜间捕猎的成功率会更高。

第一章 哺乳动物

### 科普小课堂

**体长**· 约 300 厘米

**食性**· 肉食性

**分类**· 食肉目猫科

**特征**· 身体强壮，雄狮有威风的鬣毛

# 非洲象

### 科普小课堂

- **体长**·约 700 厘米
- **食性**·植食性
- **分类**·长鼻目象科
- **特征**·有一条长鼻子，耳朵很大

第一章 哺乳动物

在非洲的大草原上生存着陆地上最大的哺乳动物——非洲象。对非洲象来说，真正意义上的天敌，除了人类，可能就只有它们自己了。非洲象的体形比亚洲象的体形稍大，有一对扇子般的大耳朵，可以帮它们散发热量。非洲象体高可达4.1米，体重为4~5吨，厚厚的皮肤帮它们抵御了多种恶劣环境的影响，使它们可以生存在海平面到海拔5000米的多种自然环境中。一般一个非洲象家族有20~30头象，一头年长的雌象是象群中的首领，象群成员大多是它的后代。雄象在象群中是没有地位的，而且到了一定年龄就要离开象群，只有在交配时期才回归象群。象群成员之间的关系非常亲密，不同象群的成员之间通常也能和谐相处。

# 猎豹

猎豹看起来有没有一点像猫？你知道吗，猎豹是猫科家族的成员，是猫科动物成员中历史最久、最独特和特异化的品种。猎豹世世代代生活在大草原上，被称为非洲草原上"行走的青铜雕像"。之所以拥有这样的美称，是因为猎豹的身材接近于完美的流线型，它们拥有纤细的身体、细长的四肢、浑圆小巧的头部和小小的耳朵。这样灵活轻盈的身材也赋予了它们高速奔跑的能力，猎豹可是世界上短跑速度最快的哺乳动物。

**科普小课堂**

**体长**·100～150厘米

**食性**·肉食性

**分类**·食肉目猫科

**特征**·身体纤细，奔跑速度极快

# 非洲水牛

## 科普小课堂

- **体长**·210～340 厘米
- **食性**·植食性
- **分类**·偶蹄目牛科
- **特征**·毛发呈黑色或棕黑色，头上的角向左右分开

听说连狮子都害怕非洲水牛！非洲水牛到底是何方神圣？它们有什么了不起的本领？非洲水牛又叫"好望角水牛"，是一种生活在非洲的牛科动物。非洲水牛体长约3米，重达900千克，四肢粗壮，头顶生长着粗壮锋利的牛角，牛角是它们的武器，也是力量的象征。它们喜欢群居生活，很少单独出现，牛群由最强壮的公牛领导，首领享有吃最好的草粮的权利。它们经常栖息在水源附近，喜欢将身体浸泡在水池或泥潭中给自己降温。每年的雨季是水牛们的繁殖季节，雌水牛5岁左右生下第一胎，之后隔年生产。小水牛出生后几小时就能自己走动，到了15个月大的时候，就要离开群体，加入其他同龄牛群。

# 狼

### 科普小课堂

- **体长**·105～160 厘米
- **食性**·肉食性
- **分类**·食肉目犬科
- **特征**·有棕色和灰色的皮毛，牙齿非常锋利

　　狼对大家来说并不陌生，在书本和影视作品中我们都能看到它们的形象。狼有着健壮的身体，长长的尾巴，带趾垫的足和宽大弯曲的嘴巴。狼的耐力很强，奔跑速度极快，攻击力强，总是成群结队地在草原上奔跑。狼是肉食性动物，嘴里长有锋利的犬齿，嗅觉和听觉都非常灵敏，它们不仅喜欢吃羊、鹿等有蹄类动物，对兔子、老鼠等小型动物也是来者不拒。狼群的分布非常广泛，它们现在主要生活在苔原、草原、森林、荒漠、农田和一些人口密度较低的地区。

第一章　哺乳动物

# 蜜獾

迪士尼的小熊维尼最爱吃蜂蜜,它总把小手伸进蜜罐里去偷吃蜂蜜。世界上还有一种动物也爱偷吃蜂蜜,那就是蜜獾。蜜獾是鼬科蜜獾属的动物,在非洲、西亚和南亚都有它们的身影。它们长着黑色和灰白色的皮毛,身长只有1米左右。这么一种体态小巧轻盈的动物,却是个天不怕地不怕的家伙。闯蜂窝,斗狮虎,从熊和猎豹嘴里夺食,吃鳄鱼和眼镜蛇,凭借勇猛无畏的性情和强壮有力的身躯,蜜獾在大草原上难逢敌手。蜜獾甚至曾以"世界上最无所畏惧的动物"的称号被收录在吉尼斯世界纪录中数年之久。

### 科普小课堂

**体长**·60～120 厘米

**食性**·杂食性

**分类**·食肉目鼬科

**特征**·身体呈黑色，背部的毛为灰白色

第一章 哺乳动物

# 大犰狳

看，这个动物看起来好像一只穿山甲！原来它是大犰狳。大犰狳也叫"巨犰狳"，是犰狳科中体形最大的一种。它们的身体表面有一个由骨质的鳞甲构成的壳，这是它们用来保护自己免遭肉食性动物攻击的法宝。大犰狳的尾巴很长，四肢较短，它们的爪子弯曲而尖锐，十分有力，具有高超的打洞技能，但不适合用来搏斗。大犰狳生活在南美洲的草原上，以及亚马孙河流域靠近水边的地区，它们白天在洞中睡觉，到了晚上才出来活动。大犰狳的食性很杂，蚂蚁、白蚁、甲虫、鸟卵，甚至腐肉都是它们的食物。大犰狳的食量很大，对破坏房屋建筑的白蚁有着非常好的控制作用。对人类来说，大犰狳可是一种有益的动物呢。

### 科普小课堂

**体长**·75~100 厘米

**食性**·杂食性

**分类**·贫齿目犰狳科

**特征**·身上披着铠甲，能够缩成球形

# 猞猁

猞猁也叫"山猫"，属于猫科动物。它们身材矫健，形态像猫，却比猫要大许多，与猫不同的是它们的尾巴非常短。猞猁是一种中型猛兽，不怕冷，主要生活在北温带的寒冷地区，即使在南部它们也通常生活在较为凉爽的区域，或者是寒冷的高山地带。在自然界中，猞猁的敌人有很多，灰熊和美洲狮一类的大型肉食性动物都能够对它们产生威胁，狼群也可能会攻击它们，不过它们最害怕的，还是我们人类。

## 科普小课堂

**体长**·76～106厘米

**食性**·肉食性

**分类**·食肉目猫科

**特征**·耳朵尖端有长毛，四肢比较长

# 犀 牛

**科普小课堂**

**体长**·300～375 厘米

**食性**·植食性

**分类**·奇蹄目犀科

**特征**·头上有两只尖角，嘴巴较尖

传说犀牛的角中心有一线白纹，从角尖直通大脑，感应灵敏，因此就有了"心有灵犀"这个典故。犀牛是世界上最大的奇蹄目动物，它们身躯粗壮，腿比较短，眼睛很小，鼻子上方有角。犀牛生活在草地、灌木丛或者沼泽地中，主要以草为食，偶尔也吃水果和树叶。犀牛通常喜欢单独居住，一头成年雄犀牛会占有10平方千米的领地。犀牛虽然皮糙肉厚，但是腰、肩褶皱处的皮肤比较细嫩，容易遭到蚊虫的叮咬。它们身体上常常会有寄生虫，所以在水里打滚儿对犀牛来说是每天必不可少的娱乐项目，这样做不仅可以赶走讨厌的蚊虫，还能让身体保持凉爽。

# 瞪羚

它们为什么叫瞪羚？那是因为它们那两只又圆又大的眼睛向外突出，看起来就像在瞪着眼睛，因此取名为瞪羚。瞪羚身披棕色皮毛，下腹为白色，身体两侧各有一条黑线，头上有一对角。瞪羚的身材娇小，体态优美，像个体操运动员。瞪羚擅长奔跑和跳跃，纵身一跃就能跳出数米远。瞪羚是牛科植食性动物，以鲜嫩、易消化的植物根茎为食。它们通常群居生活，是草原肉食性动物们最渴望的美餐。在危险临近时，它们会将四条腿直直向下伸，腾空一跃，来警告同伴有危险。

## 科普小课堂

**体长**·80～120厘米

**食性**·植食性

**分类**·偶蹄目牛科

**特征**·毛色为棕色和白色，侧腹部有一条黑线

# 角 马

**科普小课堂**

**体长**·150～240 厘米

**食性**·植食性

**分类**·偶蹄目牛科

**特征**·头上有角，颈部有黑色鬣毛，身上长有斑纹

　　角马就是长角的马吗？事实并不是这样的。角马是生活在非洲大草原上的大型牛科动物，它们外形像牛，身体的外貌又介于山羊和羚羊之间，因此也被叫作"牛羚"。角马的头上长有从头顶向两侧弯曲的一对尖角，表面非常光滑，角马就是因此而得名，雄性的角比雌性的更大、更长。角马喜欢群居，一般10～20头组成一个大家庭。在迁徙时，会有好几十万头角马自然而然地聚集在一起，组成一支庞大的迁徙大军。迁徙的队伍中纪律严明，由健壮的公角马领头和殿后，母角马和角马宝宝走在队伍中间。对人类来说角马群是没有什么危险性的，它们不会主动攻击人类，但是落单的角马由于与群体走散，还是会非常急躁的。

# 斑 马

斑马到底是白底黑条纹，还是黑底白条纹？其实斑马的皮肤是黑色的，所以它们是黑底白条纹。正是因为它们身上这黑白相间的条纹，它们才被人类取了斑马这样一个名字。斑马是由400万年前的原马进化而来的。曾经的斑马条纹并不清晰分明，经过不断地进化才有了现在的条纹。斑马生活在干燥、草木较多的草原和沙漠地带，是植食动物，具有强大的消化系统，树枝、树叶和树皮都能成为它们的食物。斑马是群居生活的动物，一般10匹左右为一群，群体由雄性斑马率领，成员多为雌斑马和斑马幼崽。它们相处得非常融洽，一起觅食，一起玩耍，很少会有斑马被赶出斑马群的事情发生。

## 科普小课堂

**体长**·217～246厘米

**食性**·植食性

**分类**·奇蹄目马科

**特征**·身上有黑白相间的条纹

# 长颈鹿

长颈鹿生活在非洲稀树草原地带。长颈鹿是世界上现存最高的陆生动物，站立时身高可达6~8米。长颈鹿毛色浅棕带有花纹，四肢细长，尾巴短小，头顶有一对带茸毛的短角。它们性情温和，胆子小，是一种大型的植食动物，以树叶和小树枝为食。为了将血液输送到距心脏2米多高的头部，它们拥有着极高的血压，收缩压要比人类的3倍还高。为了不让血液涨破血管，长颈鹿的血管壁必须有足够的弹性，周围还分布着许多毛细血管。

第一章 哺乳动物

## 科普小课堂

**体长**·600~800厘米

**食性**·植食性

**分类**·偶蹄目长颈鹿科

**特征**·脖子和腿非常长，身上有斑块状花纹

# 浣熊

这只戴着黑眼罩的家伙可以说是家喻户晓的动物了。戴着黑色眼罩，拖着带有环状斑纹的尾巴，这已经成为浣熊的经典形象。再加上浣熊体形较小，行动灵活，还长着圆圆的耳朵和尖尖的嘴巴，真是天生的一副可爱相。浣熊喜欢住在靠近河流、湖泊的森林地区，它们会在树上建造巢穴，也会住在土拨鼠遗留的洞穴中。浣熊是夜行动物，白天在树上或者洞里休息，到了晚上才出来活动。因为总是潜入人类的房屋偷窃食物，浣熊在加拿大也被称为"神秘小偷"。浣熊是不需要冬眠的，但是住在北方的浣熊，到了冬天会躲进树洞中。每年的1—2月是浣熊的交配季节，它们的寿命不长，通常只有几年。已知野生环境中寿命最长的一只浣熊活了12年。

第一章 哺乳动物

### 科普小课堂

**体长**·40～70厘米

**食性**·杂食性

**分类**·食肉目浣熊科

**特征**·眼睛周围有一个面罩状的斑纹

# 袋 鼠

袋鼠的踪迹遍及整个澳大利亚，其中最大也最广为人知的动物是红大袋鼠。雄性红大袋鼠的皮毛为具有标志性的红褐色，下身为浅黄色；雌性上身为蓝灰色，下身呈淡灰色。它们喜欢在草原、灌木丛、沙漠和稀树草原地区蹦蹦跳跳地寻找自己喜欢吃的草和其他植物。红大袋鼠能够广泛分布于澳大利亚这片土地上，自然有其独特的本领。它们能够在植物枯萎的季节找到足够的食物，也能够在缺水的旱季正常生存。在炎热的天气里，它们可以采取多种方式将体温保持在36℃，以此让体内各功能保持正常的状态。

## 科普小课堂

**体长**·约140厘米

**食性**·植食性

**分类**·双门齿目袋鼠科

**特征**·尾巴粗壮，腹部有一个育儿袋

# 刺猬

如果你无意间发现一只浑身插满了"牙签"的大老鼠,那很有可能是遇见刺猬了!刺猬没有老鼠那样机灵,它们是一种生活在森林和灌木丛中的小型哺乳动物,身上长着很多尖刺,除了脸部、腹部和四肢以外都有坚硬的刺包裹着。刺猬长着短短的四肢和尖尖的嘴巴,还有一对小耳朵。聪明的刺猬会将有气味的植物咀嚼后吐到自己的刺上,以此来伪装自己。刺猬在睡觉的时候会打呼噜。

### 科普小课堂

**体长**·25 厘米左右
**食性**·杂食性
**分类**·猬形目猬科
**特征**·身体大部分覆盖着尖刺

# 大猩猩

大猩猩是灵长目中除了人和黑猩猩以外最聪明的动物。它们大约十几只组成一个小型的群体，在一头背部为银色的雄性大猩猩的带领之下生活在非洲中部的雨林之中。大猩猩和人类基因的相似度高达98%，常常与红毛猩猩和黑猩猩并称为"人类的最直系亲属"。现如今，大部分大猩猩分布在非洲的中部，根据分布地区的不同，人们把现存的大猩猩划分为东部大猩猩和西部大猩猩两种。

第一章 哺乳动物

### 科普小课堂

**体长**·150～180厘米

**食性**·植食性

**分类**·灵长目人科

**特征**·前肢长后肢短，非常强壮

# 树　懒

树懒可以说是世界上最懒的动物了，这么懒的动物是怎么在这个世界上活下来的呢？树懒的爪呈钩状，前肢长于后肢，可以长时间吊在树上，甚至睡觉时也是这样倒吊在树上，可以说树就是它们的家。树懒主要以树叶、嫩芽和果实为食，是个严格的素食主义者。它们非常懒而且行动迟缓，爬得比乌龟还要慢，在树上只有每分钟4米的速度，在地面上只有每分钟2米的速度。与它们缓慢的陆地行动能力不同，树懒在水中倒是一个游泳健将，在雨林的雨季，在泛滥的洪水中，树懒经常通过游泳从一棵树转移到另一棵树上。

第一章 哺乳动物

### 科普小课堂

**体长**· 60～70厘米

**食性**· 植食性

**分类**· 披毛目树懒科

**特征**· 前肢只有3个脚趾，身上有粗糙的毛发

# 树袋熊

树袋熊又叫"考拉",是澳大利亚珍贵的原始树栖动物。虽然它们体态憨厚,长相酷似小熊,但它们并不是熊科动物,而是有袋类动物。树袋熊长着一身软绵绵的灰色短毛,鼻子乌黑光亮,呈扁平状,两只大耳朵上长着长毛,脸上永远挂着一副睡不醒的表情,非常惹人喜爱。树袋熊的四肢粗壮,利爪弯曲,非常适合攀爬。它们一天中做得最多的事就是趴在树上睡觉,每天能睡17~20小时,醒来以后的大部分时间用来吃东西,生活非常悠闲。树袋熊性情温顺,行动迟缓,过着独居的生活,每只树袋熊都有自己的领地,只有在繁殖的季节,雄性树袋熊才会聚集到雌性附近。

第一章 哺乳动物

**科普小课堂**

**体长**·70～80厘米

**食性**·植食性

**分类**·双门齿目树袋熊科

**特征**·皮毛呈灰褐色，耳朵较大

# 棕　熊

第一章 哺乳动物

### 科普小课堂

**体长**· 150 ~ 280 厘米

**食性**· 杂食性

**分类**· 食肉目熊科

**特征**· 皮毛为棕色，头大而圆

棕熊是陆地上最大的肉食类哺乳动物之一，有着肥壮的身子和有力的爪子，力气极大。它们的后肢非常有力，能够站在湍急的河水里捕鱼。棕熊的食谱十分广泛，从根茎到大型有蹄类动物都被它们纳入了菜单。虽然有不少棕熊与人类和谐相处的事迹，但它们依旧是非常危险的动物，尤其是带着宝宝的母熊，这些妈妈们甚至会和比自己大两倍的公熊大打出手呢！

# 雪 豹

在海拔较高的高原地区，生活着一群大型猫科肉食性动物，它们就是大名鼎鼎的高山猎手——雪豹。聪明的雪豹历经千年终于找到了适应生存环境的好办法——长出一身灰白色的皮毛，这样就能够更好地在雪地里掩护自己了。因为它们经常在高山的雪线和雪地中活动，所以就有了"雪豹"这样一个名字。由于雪豹是高原生态食物链中的顶级掠食者，因此有"雪山之王"之称。雪豹喜欢独行，又经常在夜间出没，所以到现在为止，人类对雪豹的了解还非常有限。

第一章 哺乳动物

**科普小课堂**

**体长·** 110～130 厘米

**食性·** 肉食性

**分类·** 食肉目猫科

**特征·** 皮毛呈灰白色，有斑点，尾巴较长

# 小熊猫

你知道吗，小熊猫并不是幼小的熊猫，而是一种与熊猫一样有着"活化石"之称的动物，早在900多万年以前就已经出现在地球上了。小熊猫也叫"红熊猫"，体形比猫肥壮，全身红褐色，脸很圆，上面带有白色的花纹，耳朵尖尖且直立向前，毛茸茸的大尾巴又长又粗，带有白色环状花纹，非常好看。我们通常会在树洞里、树枝上或石头缝中见到它们。小熊猫白天的大部分时间在睡觉，只有早、晚才会出来觅食。它们步履蹒跚，行动缓慢，是一种非常可爱的动物。

### 科普小课堂

**体长**·50～64厘米
**食性**·杂食性
**分类**·食肉目小熊猫科
**特征**·皮毛红褐色，尾巴上有白色环纹

# 北极熊

北极具有代表性的动物是什么？那一定非北极熊莫属了，它们憨厚朴实的模样非常讨小孩子喜欢。北极熊体形庞大，披着一身雪白的皮毛，虽然不能在水中游泳追击海豹，但也是游泳健将，它们的大熊掌就像船桨一样在海里摆动。北极熊的嗅觉非常灵敏，能够闻到方圆1000米内或者冰雪下1米内猎物的气味。北极熊属于肉食性动物，海豹是它们的主要食物，它们还会捕食海象、海鸟和鱼，对搁浅在海滩上的鲸也不会客气。由于北极的水不是被冰封就是含盐分过多，所以北极熊的主要水分来源是猎物的血液。

### 科普小课堂

**体长**·约300厘米

**食性**·肉食性

**分类**·食肉目熊科

**特征**·全身长有白色的皮毛

# 北极狐

### 科普小课堂

**体长** · 约 55 厘米

**食性** · 杂食性

**分类** · 食肉目犬科

**特征** · 毛色随季节变化，冬季为白色

北极狐生活在北冰洋的沿岸地带和一些岛屿上的苔原地带。和大多数生活在北极的动物一样，北极狐也有一身雪白的皮毛。在它们的身后，还有一条毛发蓬松的大尾巴。北极狐主要吃旅鼠，也吃鱼、鸟、鸟蛋、贝类、北极兔和浆果等食物，可以说能找到的食物它们都会吃。每年的2—5月是北极狐交配的时期，这一时期雌性北极狐会扬起头嗥叫，呼唤雄性北极狐，交配之后大概50天，可爱的小北极狐就出生了。北极狐的寿命一般为8～10年。

# 北极兔

## 科普小课堂

**体长**·55～71厘米

**食性**·植食性

**分类**·兔形目兔科

**特征**·皮毛为白色，腿比较长

北极兔和家兔有什么不同？北极兔生活在北极地区，是一种兔科哺乳动物。它们的体形较大，脑袋也比一般的兔子大而且长。为了适应北极与山地的环境，北极兔有着敏锐的听觉和嗅觉，还有适应季节的毛色，这些使得毛茸茸的北极兔像雪中精灵一样在寒冷的北极繁衍生息。在冬季，北极兔们或缩成一团抵御寒风，或在雪地里跑跳，白色的绒毛与雪景融为一色，使它们成了冰雪世界里出色的伪装者。

# 水獭

在奔流不息的河流中，有一群活泼可爱的精灵在游玩，它们就是水獭。水獭是一种生活在淡水河流和湖泊中的水生哺乳动物，它们身体细长，有着圆圆的眼睛和一对小耳朵。水獭的四肢很短，身披一层褐色或咖色的皮毛，看上去非常光滑。水獭擅长游泳，它们这一身光滑的皮毛可以有效地减小水下的阻力。水獭的鼻孔和耳道处生有小圆瓣，游泳潜水时可以关闭，防止进水。白天，水獭喜欢在洞中休息，到了晚上才出来捕食。它们喜欢吃鱼，为了吃到更多更新鲜的鱼，它们经常搬家，往往是从一条河搬到另一条河，或从河的上游搬到河的下游。除了鱼以外，水獭也会捕捉蛙类和虾蟹等小动物。

### 科普小课堂

**体长**·50～80厘米

**食性**·肉食性

**分类**·食肉目鼬科

**特征**·皮毛光滑，耳朵短小

# 河 马

**科普小课堂**

**体长**・约 400 厘米

**食性**・植食性

**分类**・偶蹄目河马科

**特征**・外形圆滚滚,有着巨大的嘴巴和獠牙

快看，在水面上露出一对小耳朵和一双小眼睛的动物是什么？这个长相有趣的动物就是河马。河马是一种喜欢生活在水中的哺乳动物。河马生活在非洲热带水草丰茂的地区，体形巨大，体重可达3吨，头部硕大，长有一张大嘴，门齿和犬齿呈獠牙状，具有较强的攻击性。它们的皮肤很厚，呈灰褐色，皮肤表面光滑无毛，厚厚的脂肪可以让它们在水中保持体温。它们的趾间有蹼，喜欢待在水里，庞大而沉重的身躯只有在水里才能行走自如。它们平时喜欢将身体没入水中，只露出耳朵、眼睛和鼻孔，这样既能保证正常的呼吸又能起到隐蔽的作用。河马喜欢群居，由成年的雄性河马带领，每群有20～30头，有时可多达百头。

# 骆 驼

### 科普小课堂

**体长**·约 300 厘米

**食性**·植食性

**分类**·偶蹄目骆驼科

**特征**·身体有厚实的毛发，背部有两个驼峰

　　骆驼为什么能在沙漠生活呢？在自然条件较好的平原地带，人们驯养的家畜通常是马、牛等，而在炎热干旱的沙漠地带，人们驯养更多的则是骆驼。骆驼是一种神奇的动物，它们可能是最能够适应沙漠环境的动物之一了。在条件严酷的沙漠和荒漠中，骆驼能够适应干旱且缺少食物的沙土地和酷热的天气，而且颇能忍饥耐渴，每喝饱一次水后，连续几天不再喝水，仍然能在炎热、干旱的沙漠地区活动。骆驼还有一个神奇的胃，这个胃分为三室，在吃饱一顿饭之后可以把食物贮存在胃里面，等到需要再进食的时候反刍。可以说，骆驼这种奇妙的动物就是为沙漠而生的。

CHAPTER 2

# 第 二 章

# 海洋生物

# 海马

海马是一种生活在海藻丛或珊瑚礁中的小型鱼，因为头部的外观看起来和马相似而得名。海马用吸入的方式捕食，一般在白天比较活跃，到了晚上则呈静止状态。

海马通常喜欢生活在水流缓慢的珊瑚礁中，大多数海马生活在河口与海的交界处，能够适应不同盐度的水域，甚至在淡水中也能存活。海马游不快，它们的行动非常缓慢，通常用它们卷曲的尾巴缠绕在珊瑚或海藻上以固定自己，以免被水流冲走。

### 科普小课堂

**体长**·约15厘米

**食性**·肉食性

**分类**·刺鱼目海龙科

**特征**·头部类似马头，依靠背鳍和胸鳍游泳

# 叶海龙

在澳大利亚南部和西部浅海的海藻丛中，生活着世界上最高超的伪装大师——叶海龙。它们的整个身体都与海藻丛融为一体，如果不仔细观察的话，你只能看到一丛丛随着海流摇曳的海藻。

叶海龙是海洋世界中最让人惊叹的生物之一，它们拥有美丽的外表和雍容华贵的身姿，主要生活在比较隐蔽和海藻密集的浅水海域，身上布满了海藻形态的"绿叶"。这些"绿叶"其实是其身上专门用来伪装的结构，在海水的带动下，身上的"叶子"随着水流摆动，泳态摇曳生姿，真可以称得上是世界上最优雅的泳客。

第二章 海洋生物

### 科普小课堂

**体长·**约45厘米

**食性·**肉食性

**分类·**海龙目海龙科

**特征·**身体上有大量的海藻状结构，非常美丽

# 蝠鲼

### 科普小课堂

**体长**·约 700 厘米

**食性**·杂食性

**分类**·鲼形目蝠鲼科

**特征**·身体扁平，嘴巴宽大

蝠鲼也叫"魔鬼鱼"或"毯魟"，它们的身体扁平宽大，呈菱形，最宽可达8米，体重可达1500千克。蝠鲼的胸鳍肥大如翼，背鳍小，嘴的两边还有一对由胸鳍分化出来的头鳍。蝠鲼的尾巴细长如鞭，它们还有一张宽大的嘴巴，嘴巴里布满了细小的牙齿。蝠鲼的样子就像阿拉丁的飞毯，在水中游泳的姿势也很像是在空中滑翔。因为它们的样子怪异，所以很多人都无法将它们和鱼类联想在一起，其实它们早在中生代侏罗纪时就已经出现在海洋中了，一亿多年间，它们的模样都没有太大的变化。

第二章 海洋生物

# 鲸鲨

## 科普小课堂

**体长**·约 1200 厘米

**食性**·肉食性

**分类**·须鲨目鲸鲨科

**特征**·身体表面有白色的斑点，嘴巴宽大

第二章 海洋生物

鲸鲨在海洋中优雅地游弋了千万年,它们华丽的礼服就像璀璨的群星点亮了深蓝色的海洋。鲸鲨是世界上最大的鱼,它们游得很慢,平均每小时只能游5000米。它们体形庞大,性情温和,遇到潜水员也不会主动攻击。鲸鲨有着长达70年的寿命,就让它们惬意地徜徉在广阔的海洋里吧。

# 大白鲨

### 科普小课堂

**体长**·约 600 厘米
**食性**·肉食性
**分类**·鼠鲨目鼠鲨科
**特征**·体形庞大，牙齿十分锋利

大白鲨是现存体形最大的捕食性鱼，长达6米，体重约1950千克，雌性的体形通常比雄性的大。大白鲨广泛分布于全世界水温在12～24℃的海域中，从沿岸水域到1200米的深海中都能见到它的身影。幼年的大白鲨主要以鱼类为食，长大一些之后开始捕食海豹、海狮、海豚等海洋哺乳动物，也捕食海鸟和海龟，甚至啃噬漂浮在海面上的鲸尸。捕猎时，大白鲨喜欢从正下方或者后方以超过40千米/时的速度突然袭击猎物，猛咬一口后退开等待，在猎物因失血过多而休克或死亡时，再来大快朵颐。

# 锯鳐

在大海之中，有一种身上带着可怕锯子的家伙正潜伏在水底，等待着猎物送上门来。它们长得有点像鲨鱼，但又不是鲨鱼，这就是神秘的锯鳐。

锯鳐生活在热带及亚热带的浅水水域，它们经常出没于港湾和河口。顾名思义，锯鳐就是带有锯子的鳐鱼，因为它们的吻部很像锯子而得名。锯鳐除了在水中巡游，其余时间就把自己隐藏在水底。当有小鱼经过的时候，它们就会突然跃起，挥舞着"大锯"砍向猎物。

### 科普小课堂

**体长**·约 700 厘米

**食性**·肉食性

**分类**·锯鳐目锯鳐科

**特征**·吻部较长，两侧有锋利的齿

# 小丑鱼

"小丑鱼"是雀鲷科海葵鱼亚科鱼的俗称。小丑鱼的颜色鲜艳明亮，相貌非常俏皮可爱，脸部及身上带有一条或两条白色条纹，好似京剧中的丑角，因此被称作"小丑鱼"。活泼可爱的小丑鱼在珊瑚中穿梭，就像是水中的精灵。小丑鱼不仅长相奇特，还是为数不多的可以改变性别的动物，它们中的雄性可以变成雌性，但是雌性不能变成雄性。在小丑鱼的鱼群中，总有一个位居统治者地位的雌性和几个成年的雄性，如果雌性统治者不幸死亡，就会有一个成年雄性转变为雌性，成为新的统治者，周而复始。

### 科普小课堂

**体长**· 约 11 厘米
**食性**· 杂食性
**分类**· 鲈形目雀鲷科
**特征**· 身体橘黄色，有白色的斑纹

# 海鳗

**科普小课堂**

**体长**·约 220 厘米

**食性**·肉食性

**分类**·鳗鲡目海鳗科

**特征**·嘴巴比较大,嘴里有锋利的牙齿

水下的世界光怪陆离，到处充斥着神秘的气息。在昏暗的海底，凶猛的海鳗可谓是水下的霸王。海鳗有着锋利的牙齿，能够适应不同的海水盐度，在珊瑚礁区域或者红树林中以及河口的低盐度水域都能看到海鳗的身影。它们的身体构造非常适合生活在环境复杂的珊瑚礁或者红树林中，柔软的身体可以自由地在障碍物之间蜿蜒穿行，像蛇一样。它们是凶猛的肉食性鱼类，游速极快，喜欢栖息于洞中，经常在夜间出没捕食，虾、蟹、鱼等都是它的美味。

第二章 海洋生物

# 沙丁鱼

### 科普小课堂

**体长**·约 30 厘米
**食性**·杂食性
**分类**·鲱形目鲱科
**特征**·身体银白色

沙丁鱼属于近海暖水性鱼,它们主要分布于北纬14°~68°的海洋水域中。沙丁鱼是一类细长的银色小鱼,体长约30厘米,以浮游生物为食。它们游速飞快,通常栖息于中上层水域,只有冬季气温较低时才会出现在深海。沙丁鱼们冬季向南洄游,春季向近海岸做生殖洄游。它们的产卵量很大,一条成熟的沙丁鱼的总产卵量在10万颗左右。但是它们的存活率极低,有些受精卵会在孵化期死亡。

# 蓝 鲸

谁才是世界上最大的动物？是恐龙吗？在广阔的海洋里生活着一种体形巨大的动物，它们就是蓝鲸！蓝鲸是地球上体形最巨大的动物，体重可达200吨，是这世界上当之无愧的巨无霸！非常幸运的是，体形庞大的它们生活在海里，浮力可以让它们不用像陆地动物那样费力地支撑自己的体重。蓝鲸全身体表均呈淡蓝色或鼠灰色，背部有淡色的细碎斑纹，胸部有白色的斑点，这在海中是很好的保护色。蓝鲸喜欢在温暖海水与寒冷海水的交界处活动，因为那里有丰富的浮游生物和磷虾。蓝鲸的胃口极大，好在它们需要的食物是数量众多的磷虾，偶尔还吃一些小鱼、水母等换换胃口。它们每天要吃掉4～8吨的食物，如果腹中的食物少于2吨，就会有饥饿的感觉。

### 科普小课堂

**体长**·约 3000 厘米
**食性**·肉食性
**分类**·鲸目鳁鲸科
**特征**·身体巨大,是世界上最大的动物

# 白 鲸

### 科普小课堂

**体长**·最长可达 500 厘米
**食性**·肉食性
**分类**·鲸目一角鲸科
**特征**·全身白色，看上去似乎在微笑

　　如果说有什么海洋动物让人们一眼看去就心情舒畅的话，那可能就要数白鲸了。虽然我们很难亲眼见到野生环境下的白鲸，但是却能在海洋馆中看见友好的白鲸。

　　白鲸有圆滑突出的额头和完美宽阔的唇线，它们好像永远都在微笑，这很符合它们温顺的性格。白鲸喜欢缓慢地游动，喜欢生活在贴近海面的地方，潜水也是它们的强项。世界上绝大多数白鲸生活在欧洲、美国阿拉斯加和加拿大以北的海域中。

# 抹香鲸

在碧波荡漾的海面之下，一个庞然大物悬浮在那里，看上去就像一根巨大的原木，这就是抹香鲸。抹香鲸是齿鲸中最大的一种，因为它们有个像斧子一样巨大的头，又被叫作"巨头鲸"。它们全身光滑呈棕黑色，没有背鳍，后背上有一串波浪状的凸脊，一直延伸到呈三角状的尾鳍处。抹香鲸的下颚上长着锋利的牙齿，不过上颚却只有安置下牙的牙槽。利用这些牙齿，抹香鲸们经常潜入深海捕捉各种大型的软体动物，例如被渔民视为海怪的大王乌贼。在抹香鲸的身上经常能找到它们与大王乌贼搏斗时留下的伤疤，可以说抹香鲸正是大王乌贼这样的"海怪"最怕的克星了。我们在世界上所有不结冰的海域都有可能见到抹香鲸，它们主要栖息于南北纬70°之间的海域中。

### 科普小课堂

**体长**·1000～2000厘米

**食性**·肉食性

**分类**·鲸目抹香鲸科

**特征**·头部巨大，下颚有圆锥形的牙齿

# 虎 鲸

### 科普小课堂

**体长**·约1000厘米

**食性**·肉食性

**分类**·鲸目海豚科

**特征**·头上有两块白色像眼睛的斑纹

虎鲸也叫"逆戟鲸"或者"杀人鲸",它们黑色的身体上有着白色的花纹。这种鲸类是海洋中当之无愧的顶级掠食者,就连凶猛的大白鲨偶尔也会成为它们的猎物。虎鲸的头部呈圆锥状,牙齿锋利,企鹅、海豚、海豹等动物都能成为它们攻击的对象。

虎鲸生活在一个高度社会化的母系社会中,在群体中总有一头年长的雌鲸居于领导地位,这让它们一辈子都生活在母性的光辉中,因此虎鲸们具有非常稳定的母子关系,一般不会发生离群的现象,只有受伤或者迷路时才会出现孤鲸。雌鲸的寿命大概在85年,雄鲸就没有那么长寿了,大概能活55年,不过这在动物界已经算是长寿的了。

# 座头鲸

**科普小课堂**

**体长**·最长可达 1800 厘米
**食性**·肉食性
**分类**·鲸目须鲸科
**特征**·胸鳍非常巨大,头部有瘤状物

座头鲸拍动着两只巨大的胸鳍优哉游哉地徜徉在广袤的海洋之中，它们虽然称不上是世界上最大的鲸，但也是海洋中当之无愧的巨型生物。座头鲸很喜欢戏水，并且本领高超。它们以跃水的优美姿态以及超长的胸鳍与复杂的歌声而闻名。座头鲸的胸鳍薄而且狭长，是鲸类中最大的，所以又被称为"大翅鲸"或者"长鳍鲸"。座头鲸经常成双成对地活动，它们性情温顺，用互相触碰来表达感情。庞大的身躯使它们的游速变得很慢，每小时为8～15千米，在海面上，就像一座移动的冰山。

# 海　狮

海狮是一种海洋哺乳动物,因为有些种类的脖子上有与狮子相似的鬣毛而得名。它们经常在海边的礁石上晒太阳,用前肢支撑着身体,瞪着圆圆的眼睛望向远方,看上去很是可爱。海狮和海豹都属于哺乳动物中的鳍足类,为了方便在海中活动,四肢都已演化成鳍的模样。聪明的海狮没有固定的生活区域,哪里有食物就待在哪里,各种鱼、乌贼、海蜇和蚌都能让它们美餐一顿,磷虾是它们最爱的食物。有时候它们会吞掉一些石子来帮助消化。海狮是非常社会化的动物,有各种各样的通信方式,它们还具备高超的潜水本领,经常帮助人类,在科学和军事上都起到了重要的作用。

### 科普小课堂

**体长**·约 200 厘米
**食性**·肉食性
**分类**·食肉目海狮科
**特征**·四肢像鳍一样,有小小的外耳郭

# 海象

**科普小课堂**

**体长**·290~330厘米
**食性**·肉食性
**分类**·食肉目海象科
**特征**·有一对很长的"象牙"

海象被取了这样一个名字主要是由于它们长着一对和大象的象牙非常相似的犬齿。海象的皮很厚,有很多褶皱,它们的身体上还长着稀疏却坚硬的体毛,看上去就像一位年迈的老人。海象的鼻子短短的,耳朵上没有耳郭,看上去十分丑陋。那么,海象和陆地上的大象有什么不同呢?由于常年生活在水中,海象的四肢已经退化成鳍,不能像大象那样在陆地上行走。当海象上岸时,它们只能在地面上缓慢地蠕动。

# 海豚

　　海豚是大海中善良的象征,在人们的心目中,海豚就像孩子一样可爱,脸上总是带着温柔的笑容。在海洋生物中,海豚可以说是人气最高、最受欢迎的一种了,它们是海洋中智力最高的动物,有着非常强大的学习能力,像人类一样成群生活在一起,还能发展出从十几条到上百条的大规模族群,族群里有时候甚至还会混进其他种类的海豚或者鲸。海豚甚至还会使用工具,它们会互相帮助,如果一只海豚受伤昏迷了,其他海豚会一起保护它。

**科普小课堂**

**体长**·200～400 厘米

**食性**·肉食性

**分类**·鲸目海豚科

**特征**·身体呈流线型，表情看上去像是在微笑

# 螺与贝

**科普小课堂**

双壳纲（贝类）

**移动方式·** 依靠斧足挖掘泥沙，或附着在岩石等物体上进行移动，个别种类依靠贝壳扇动水流进行游泳

**特　　征·** 由两片可以闭合的外壳组成，头部退化

漫步在海边的沙滩上，我们最常见到的就是色彩和形状各异、大小不一的海螺和贝壳。螺与贝是海边最常见的生物，它们都属于软体动物。因为美丽的颜色和复杂多变的外形，螺和贝自古以来就是人们钟爱的收藏品。可以说，被潮水留在沙滩上的各种漂亮的贝壳，就像是一颗颗瑰丽的宝石。

螺和贝所属的软体动物是一个庞大的家族，在自然界中它们的物种数量仅次于节肢动物，约有10万种。这一家族的动物从寒武纪时期就出现在地球上了，直到现在依然非常繁盛。

### 科普小课堂

**腹足纲（螺、蜗牛、蛞蝓等）**

**移动方式**·大多利用腹足爬行

**特　　征**·有一个螺旋形的贝壳，有些种类贝壳退化

# 海兔

**科普小课堂**

**体长**·约 10 厘米

**食性**·肉食性

**分类**·后鳃目海兔科

**特征**·两对触角突出如兔耳

温暖的热带海域水流清澈，海藻丛生，海洋中的动物们都被丰富的养料滋润着，可爱的海兔非常喜欢生活在这里。海兔也叫"海蛞蝓"，是一种软体动物，它们的贝壳已经退化成内壳，因其头上有一对触角很像兔耳而得名。

　　海兔的身体表面光滑，带有许多凸起，配合着艳丽的色彩和各式花纹，就像是水中跳跃的精灵，俏皮可爱。海兔的身体颜色与它们体内共生的虫黄藻有关，也与它的食物有关系。如果遇到了难对付的攻击者，海兔就会引诱攻击者咬自己身上的乳突，因为乳突是可以再生的，而且乳突中的分泌物会让攻击者不再来攻击它们。由于海兔美丽又可爱，许多人喜欢把它们当作宠物来饲养在水族箱里。

# 乌贼

**科普小课堂**

**体长**· 10～20 厘米

**食性**· 肉食性

**分类**· 乌贼目乌贼科

**特征**· 身体呈长圆形，体内有一块硬质骨骼

乌贼又叫"墨鱼",它们在世界的各大洋中都有分布,在深海和浅海都有它们的身影。乌贼和鱿鱼、章鱼、鹦鹉螺一样,都属于海洋软体动物,它们不是鱼类。

乌贼分为头、足和躯干三部分。头前端是口,口的四周有五对腕,眼睛位于头的两侧。它们的躯干里面有一个石灰质的硬鞘,这是乌贼已经退化了的外壳。在乌贼的腹中有一个墨囊,里面储存着漆黑的汁液,遇到危险时迅速地将墨汁喷出,使周围的海水变得一片漆黑,它们便趁机逃脱。

# 水 母

水母属于刺胞动物门，是一种古老的生物，早在6.5亿年前就已经存在于地球上了。水母遍布于世界各地的海洋之中，比恐龙出现得还要早。水母通体透明，主要成分是水。它们的外形就像一把透明的伞，根据种类不同，伞状的头部直径最长可达2米。头部边缘长有一排须状的触手，触手最长可达30米。水母透明的身体由两层胚体组成，中间填充着很厚的中胶层，让身体能够在水中漂浮。它们在游动时，体内会喷出水来，利用喷水的力量前进。有些水母带有花纹，在蓝色海洋的映衬下，就像穿着各式各样的漂亮裙子，在水中跳着优美的舞蹈，灵动又美丽。

## 科普小课堂

**体长**·大小不一

**食性**·肉食性

**分类**·钵水母纲

**特征**·身体分为伞部和口腕部两个部分

# 海 星

《海绵宝宝》中憨厚的派大星给人们留下了深刻的印象。现实中的海星是一种棘皮动物，身体扁平，通常有5条腕，有的特殊种类则多达50条腕，在腕下还长有密密麻麻的管足。海星的整个身体是由许多钙质骨板和结缔组织结合而成的，体表有凸出的棘。每只海星的颜色都不相同。大多数海星是雌雄异体，在腕的基部有生殖腺。有些海星会将生殖细胞释放到海水中，另外一些成年海星则会守护着它们的卵直到卵孵化成幼体海星。海星的幼体经过一段时间的浮游生活之后，会发育成成年海星的样子沉到海底生活。还有一小部分海星属于雌雄同体，雄性先成熟，年龄大了变成雌性。

> **科普小课堂**
>
> **体长**·15～30厘米
> **食性**·肉食性
> **分类**·多棘目海星科
> **特征**·身体颜色多样，有细小的棘

第二章 海洋生物

CHAPTER 3

# 第 三 章

# 两栖和爬行动物

# 墨西哥钝口螈

野生墨西哥钝口螈分布在墨西哥，它们有光滑的身体和三对明显的外鳃，宽大的脑袋上长了两个小眼睛，很是可爱。这种两栖类的小精灵姿态优美，表情天真，呆呆的样子很惹人喜爱，于是它就成了宠物界的小明星。那些漂亮的白色墨西哥钝口螈都是饲养者精心选育的结果，其实野生的墨西哥钝口螈很少有白色的体色。1863年，有一只白化的雄性钝口螈被运到巴黎植物园，它就是如今所有白化品种的老祖宗了。还有一些白化的变种，都是通过和白化虎蝾螈杂交而来。迄今为止，人们已经培育出了许多种颜色和花纹的墨西哥钝口螈。

第三章 两栖和爬行动物

**科普小课堂**

**体长**·25～30厘米

**食性**·杂食性

**分类**·有尾目钝口螈科

**特征**·头两侧有三对鳃，肢和足甚小，但尾很长

# 冠欧螈

### 科普小课堂

体长·14～18厘米

食性·肉食性

分类·有尾目蝾螈科

特征·背上长有背鳍，尾巴较长

冠欧螈是一种长相奇特的两栖类动物。它们身体细长,最大可以长到18厘米。它们皮肤表面粗糙,背部通常呈深棕色或黑色,还有些种类身体两侧会有白色的带状斑点,黄色的腹部上也长着黑斑。到了繁殖季节,雄性冠欧螈就会大变身,从它们的背部会长出高耸的背脊,尾巴两侧也会有白色闪亮的带状纹路。这种神奇的生物主要生活在多瑙河流经的罗马尼亚地区。你有可能在多瑙河平原或是提萨河沿岸低地发现它的踪迹。

第三章 两栖和爬行动物

# 树蛙

树蛙可爱极了,就像它们的名字那样,它们是一群生活在树上的绿色的小家伙。它们成年以后基本都会在树上生活,有些种类也会栖息在低矮的灌木或草丛中。树蛙的身体稍扁,四肢细长,指、趾末端带有大吸盘,吸盘腹面呈肉垫状。指、趾间有发达的蹼,可以帮助它们在空中滑翔,很适合树蛙的树栖生活。树蛙的外形、生活习性和雨蛙属很像,但是它们之间并没有亲缘关系。

## 科普小课堂

**体长**·约10厘米

**食性**·肉食性

**分类**·无尾目树蛙科

**特征**·脚部有吸盘,可以攀附在树皮和枝叶上

第三章 两栖和爬行动物

# 箭毒蛙

这多姿多彩的大千世界总是让我们感叹造物者的神奇。箭毒蛙绝对是这个世界上奇特的存在。它们外表美丽却身怀剧毒，披着色彩艳丽的衣裳，似乎在炫耀自己的美丽，又仿佛在述说着自己的可怕。除了人类以外，箭毒蛙几乎再没有别的敌人。自然界中的食物是箭毒蛙毒性的主要来源，例如毒树皮或者毒昆虫，毒蜘蛛也是其中之一。食物中的毒性会被箭毒蛙吸收并转化为自身的毒液，所以野生箭毒蛙的毒性是很强的。

**科普小课堂**

**体长**·15～22毫米

**食性**·肉食性

**分类**·无尾目箭毒蛙科

**特征**·身体呈艳丽的红色和黄色，腿部为钴蓝色

# 眼镜蛇

毒蛇是长相恐怖又带有毒素的生物，让人又惧又怕。眼镜蛇是其中最让人感到恐怖的毒蛇。眼镜蛇分布较广，在热带和亚热带区域至少生存着25种眼镜蛇，其中有10种可以直接向猎物眼睛中喷射毒液，导致猎物失明，绝对是丛林中最凶狠的捕猎者。眼镜蛇上颌骨较短，前端具有沟牙，能够喷射毒液。即使牙齿被拔掉，也会重新长出来。它们喜欢生活在平原、丘陵、山区的灌木丛或竹林里，也会出现在住宅区附近。它们的食性很广泛，蛇、蛙、鱼、鸟都是它们捕食的对象。

### 科普小课堂

**体长**·100～200厘米

**食性**·肉食性

**分类**·有鳞目眼镜蛇科

**特征**·颈部的肋骨可以张开形成一个类似扇子的结构，上面有类似眼镜的花纹

# 竹叶青蛇

在海拔150~200米的山区树林里，躲藏着一种树栖蛇，它们被叫作竹叶青蛇。竹叶青蛇浑身翠绿的颜色让你很难在树丛中发现它们，它们两只眼睛的瞳孔呈红色，远远看去就像是翡翠上点缀了两颗红宝石。它们喜欢将自己的身体缠绕在溪边的小乔木上，姿态优美，仿佛是在跳舞。竹叶青蛇的食量很大，各种蛙、蝌蚪、蜥蜴、鸟和小型哺乳动物都会成为它们的盘中餐。长长的管牙标志着它们身带毒液，虽然毒性不大，但也足够保护自己了。

### 科普小课堂

- **体长**·约75厘米
- **食性**·肉食性
- **分类**·有鳞目蝰科
- **特征**·全身翠绿，尾部为红色

# 王 蛇

### 科普小课堂

**体长**·60～120 厘米
**食性**·肉食性
**分类**·有鳞目黄颔蛇科
**特征**·身上有白色和黑色相间的环纹，无毒

王蛇又被叫作"皇帝蛇",它们分布于广袤的北美大陆。王蛇的种类有很多,相貌也大不相同,它们通常呈黑色或者黑褐色,身上布满各式各样的条纹,有黄色或者白色环纹、条纹,还有一些白化的品种带有罕见的图案。之所以被称为王蛇,是因为它们本身是无毒蛇,却捕食其他蛇,尤其捕食毒蛇,而且它们对毒素都是免疫的。加州王蛇是王蛇中最普遍的种类,它们的鳞片表面光滑并带有光泽,还有多变的颜色,非常漂亮,在美国的沙漠、沼泽地、农田、草原随处可见。

# 希拉毒蜥

**科普小课堂**

**体长**·约 60 厘米
**食性**·肉食性
**分类**·有鳞目毒蜥科
**特征**·身体上有黑白相间的花纹，具有毒性

在美国西南部的洞穴深处居住着一种毒蜥蜴，它们就是希拉毒蜥。它们是这个地区唯一一种毒蜥蜴，也是这片土地上可怕的怪兽。希拉毒蜥的体长60厘米，体色较暗，它们身上的颜色和可怕的花纹用来警告猎物它们身带剧毒。希拉毒蜥有个大脑袋，体态臃肿，行动迟缓，但在捕捉猎物时却格外灵活。通常它们总是懒洋洋地待在洞穴里，依靠储存在尾巴中的能量度日，但在食物匮乏的时候它们还要到地面上补充体力。温暖的夜晚是它们出洞捕猎的最好时机，它们会捕食各种小型哺乳动物、鸟或者各种动物的卵。因为希拉毒蜥的视力较差，所以它们只好像蛇那样用分叉的舌头来探测周围的气味。

第三章 两栖和爬行动物

# 巨 蜥

### 科普小课堂

**体长**·120～300厘米

**食性**·肉食性

**分类**·蜥蜴目巨蜥科

**特征**·身上有黄色的纹路，性情凶猛

巨蜥是现存蜥蜴中最大的种类，它们最大的体长可达300厘米。它们头部窄长，鼻孔靠近吻端，瞳孔呈圆形，长长的舌头尖端分叉，可以像蛇的舌头那样来回伸缩。巨蜥的皮肤粗糙，浑身布满了突起的圆形颗粒，身体背面呈黑色，有部分呈黄色，并且带有黑色斑点，样子很是可怕。它们主要生活在陆地上，常常在水源附近栖息。它们随时行动，不分昼夜，但是在清晨和傍晚活动较为频繁。别看它们身体庞大，行动却很灵活，攀爬和游泳全都不在话下。因此它们的食物也有很多种，比如水中的鱼，树上的鸟和鸟类的卵，还有地上爬的蛇、蛙、鼠等，偶尔也会捡食动物的尸体。

# 变色龙

### 科普小课堂

**体长** · 最长可达 60 厘米
**食性** · 肉食性
**分类** · 蜥蜴目避役科
**特征** · 头部有一个比较高的骨冠

大自然的奇妙让我们不止一次地发出感叹。在撒哈拉以南的非洲和马达加斯加岛上生活着变色龙这种神奇的生物。它们可以通过调节皮肤表面的纳米晶体，来改变光的折射从而改变身体表面的颜色，变色的技能可以让它们在不同环境下伪装自己。变色龙的身体呈长筒状，有个三角形的头，长长的尾巴在身体后方卷曲着。它们是树栖动物，卷曲的尾巴可以缠绕在树枝上。变色龙主要捕食各种昆虫，长长的带有黏液的舌头是它们捕食的利器，舌尖上产生的强大吸力几乎没有一种昆虫能够成功逃脱。变色龙的性格孤僻，除了繁殖期以外都是单独生活。

# 绿鬣蜥

绿鬣蜥一副高傲的样子，看起来并不温和，它们那竖起的背刺，碧绿的身体，无一不显示着它们的凶悍。但其实它们并没有人们想象的那样可怕，在美国它们还是比较受欢迎的爬行宠物之一。它们是不折不扣的素食主义者，在它们的菜单中只包含植物类食物。虽然它们只吃素，却并不单调，在植物生长茂盛的地区，它们可以吃到超过100种植物的花、叶、果实，生活在巴拿马的绿鬣蜥一生独爱野生梅花。它们最喜欢的事就是懒洋洋地趴在树上晒太阳，就像是森林中的守望者。

**科普小课堂**

**体长**·可长达 200 厘米
**食性**·植食性
**分类**·蜥蜴目避役科
**特征**·背部有一排脊刺，尾部有环状花纹

双冠蜥身体颜色呈鲜艳的绿色，在皮肤上分布有浅蓝色或者黄色花斑，在所有背鳍蜥属中只有双冠蜥的体色是鲜绿色。它们的眼睛内有亮橙色的虹膜，远远看去就像是点缀在绿色翡翠上的宝石。它们的尾巴很长，长长的尾巴能够让它们在爬树和奔跑时保持平衡。双冠蜥拥有粗壮发达的后肢，它们通常用后肢在陆地上奔跑。双冠蜥是标准的热带雨林动物，因此它们喜欢高温潮湿的环境，通常栖息在河流附近的树木上，在尼加拉瓜、哥斯达黎加和巴拿马等地均有分布。

### 科普小课堂

**体长**·约 90 厘米

**食性**·肉食性

**分类**·蜥蜴目冠蜥科

**特征**·头部有两个冠，背部有帆状结构

第三章 两栖和爬行动物

# 飞 蜥

飞蜥是蜥蜴中比较奇特的品种，它们分布于南亚和东南亚，其中菲律宾、马来西亚和印度尼西亚的品种最多。它们的头部长有发达的喉囊和三角形颈侧囊，体色多为灰色，常常生活在树上，以各种昆虫为食。飞蜥真的会飞吗？不，它们只会滑翔。飞蜥是蜥蜴界技艺高超的滑翔师，它们可以在仅仅下降2米的同时向前滑翔60米的距离。尾巴在"飞行"过程中起了重要的作用，它们利用尾巴在空中保持平衡和变换姿势，甚至实现空中大翻转。飞蜥对环境的适应能力强，繁殖率高，属于低危物种。

## 科普小课堂

**体长**·约20厘米

**食性**·肉食性

**分类**·有鳞目鬣蜥科

**特征**·身体两侧具有能展开的"翅膀"

# 楔齿蜥

楔齿蜥也叫"喙头蜥",是出现在三叠纪初期的喙头类动物残存的代表,也是唯一现存的喙头目爬虫类动物,可以算是"活化石"了。楔齿蜥数量稀有,目前也只有在新西兰的某些小岛上可以见到它了。它们身体呈橄榄棕色,皮肤上分布着颗粒状鳞片,鳞片上带有黄色斑点,在头骨的前端形成一种悬垂的带齿的"喙",那是它们最有力的武器。楔齿蜥属于夜行性动物,居住在洞穴中,通常到了晚上才会出洞觅食,经常吃一些昆虫、鸟蛋和小型动物。它们能够抵抗比较寒冷的气候,在低温的环境下依然很活跃,它们的寿命也相当的长。

### 科普小课堂

**体长**·最长约 80 厘米

**食性**·肉食性

**分类**·喙头蜥目楔齿蜥科

**特征**·体表类似鳄鱼,头顶有"第三只眼睛"

# 绿蠵龟

绿蠵龟是海龟中体形较大的一种，它们分布广泛，主要集中于热带及亚热带海域。绿蠵龟有锯齿形的牙齿，是地地道道的"素食者"，以海草和海藻为主要食物，偶尔也会吃一些水母、节肢动物或鱼。由于以海草和海藻为主要食物，所以它们的脂肪因为植物绿色色素的沉淀而变成淡绿色，这也是它们被叫作绿蠵龟的原因。绿蠵龟终生栖息在海里，只有产卵的时候会到沙滩上，把卵埋在沙子里。在沙子中孵化的小绿蠵龟挣扎着离开蛋壳以后，还要把身上厚厚的沙子都拨开才能爬向海洋。

第三章 两栖和爬行动物

### 科普小课堂

**体长**·80～150厘米

**食性**·植食性

**分类**·龟鳖目海龟科

**特征**·绿色脂肪，体形较大

# 棱皮龟

从"龟兔赛跑"的故事中,我们了解到龟是爬行速度很慢的动物。但是你知道吗?有一种海龟它们游泳的速度非常快,是世界上最大的海龟,它们就是棱皮龟。棱皮龟的脑袋很大,相貌可爱,性格温顺,游泳的能力很强。由于它们长时间生活在水中,四肢已经进化成鳍状,不能像陆地上的龟那样将四肢缩回壳里。可爱的棱皮龟主要以鱼、虾、蟹、乌贼和海藻等为食,水母是它们的最爱。目前,棱皮龟的数量还在不断减少,人们正在尽力挽救这一物种,我们希望棱皮龟灭绝的那一天永远都不会到来。

第三章 两栖和爬行动物

### 科普小课堂

**体长**·200～250 厘米

**食性**·肉食性

**分类**·龟鳖目棱皮龟科

**特征**·背部有棱，甲壳隐藏在皮肤下面

# 草 龟

### 科普小课堂

- **体长**·10 ~ 25 厘米
- **食性**·杂食性
- **分类**·龟鳖目龟科
- **特征**·体形很小，生长速度缓慢

草龟，又被叫作"乌龟""墨龟"等，是一种体形较小的龟，主要分布在中国、日本和韩国等地。它们栖息在江河、湖泊之中，也可以在陆地上爬行。最喜欢的食物是小鱼和小虾，也会吃一些玉米、水果等。草龟的生长速度比较缓慢，常常五六年都长不到500克重，成年以后体形也不是很大。

# 象龟

象龟是体形最大的陆龟,被人们称为"龟中巨人"。因为它们的腿粗呈圆柱形,与大象的腿十分相似,所以被称为象龟。象龟不会游泳,喜欢栖息于沼泽和草地之中。它们是植食性动物,常吃野果和青草,最爱吃的是多汁的仙人掌。众所周知,龟是一种寿命较长的动物,因此,很多人觉得龟代表长寿。但要说龟中的寿星,那一定是象龟,它们能活到百岁以上。

### 科普小课堂

**体长**·约 150 厘米
**食性**·植食性
**分类**·龟鳖目陆龟科
**特征**·体形巨大，四肢粗壮

# 枯叶龟

### 科普小课堂

**体长**·40~60厘米

**食性**·肉食性

**分类**·龟鳖目蛇颈龟科

**特征**·外形像枯萎的树叶，头部呈扁平的三角形

枯叶龟的长相很奇特，它们的背甲和头部从颜色和形状上看，像极了枯萎的黄树叶，因此被叫作枯叶龟。枯叶龟是一种大型的水生龟，通常在浅水区活动。它们是肉食性动物，主要吃蠕虫、小鱼和虾等，偶尔也会吃植物的茎叶。枯叶龟的嘴巴又大又宽，但是眼睛却很小，视力条件不是很好。这就导致了它们虽然是水栖动物，但是游泳速度却很慢，大部分时间都是在水底爬行。这样的游泳技术在水中很难生存下去，迫使它们进化成现在的形态。

# 扬子鳄

### 科普小课堂

**体长**·90～180 厘米

**食性**·肉食性

**分类**·鳄形目鳄科

**特征**·体形较小，四肢短粗

扬子鳄属于短吻鳄，是鳄鱼中体形较小的一种。它们大多数体长不超过2米，头部比较扁平，四肢粗短，尾巴上面长有硬鳞。扬子鳄是中国特有的鳄鱼，栖息在长江流域。因为它们栖息的长江下游河段旧称为"扬子江"，所以它们被称为扬子鳄。扬子鳄喜欢栖息在湖泊、沼泽或杂草丛生的安静地带，通常白天在洞穴里休息，夜晚才会出来捕食。

CHAPTER 4

# 第四章

# 鸟 类

# 伯　劳

伯劳属于一种肉食的中小型雀鸟，俗称"胡不拉"。伯劳翅膀短圆，呈凸尾状，脚部强健，脚趾有钩。它们生性凶猛，善于捕捉猎物，能用强有力的喙啄死大型昆虫、蜥蜴、鼠和小鸟。伯劳很聪明，它们会将捕获的诱饵挂在尖锐的小灌木上，就像人类将肉挂在钩子上一样，等待猎物自投罗网，因此伯劳鸟又被叫作"屠夫鸟"。它们喜欢生活在开阔的林地，栖息于树顶，只在捕食的时候回到地面上。

第四章 鸟 类

**科普小课堂**

**体长**·23～28厘米

**食性**·肉食性

**分类**·雀形目伯劳科

**特征**·背部呈红棕色，性情比较凶猛

# 绣眼鸟

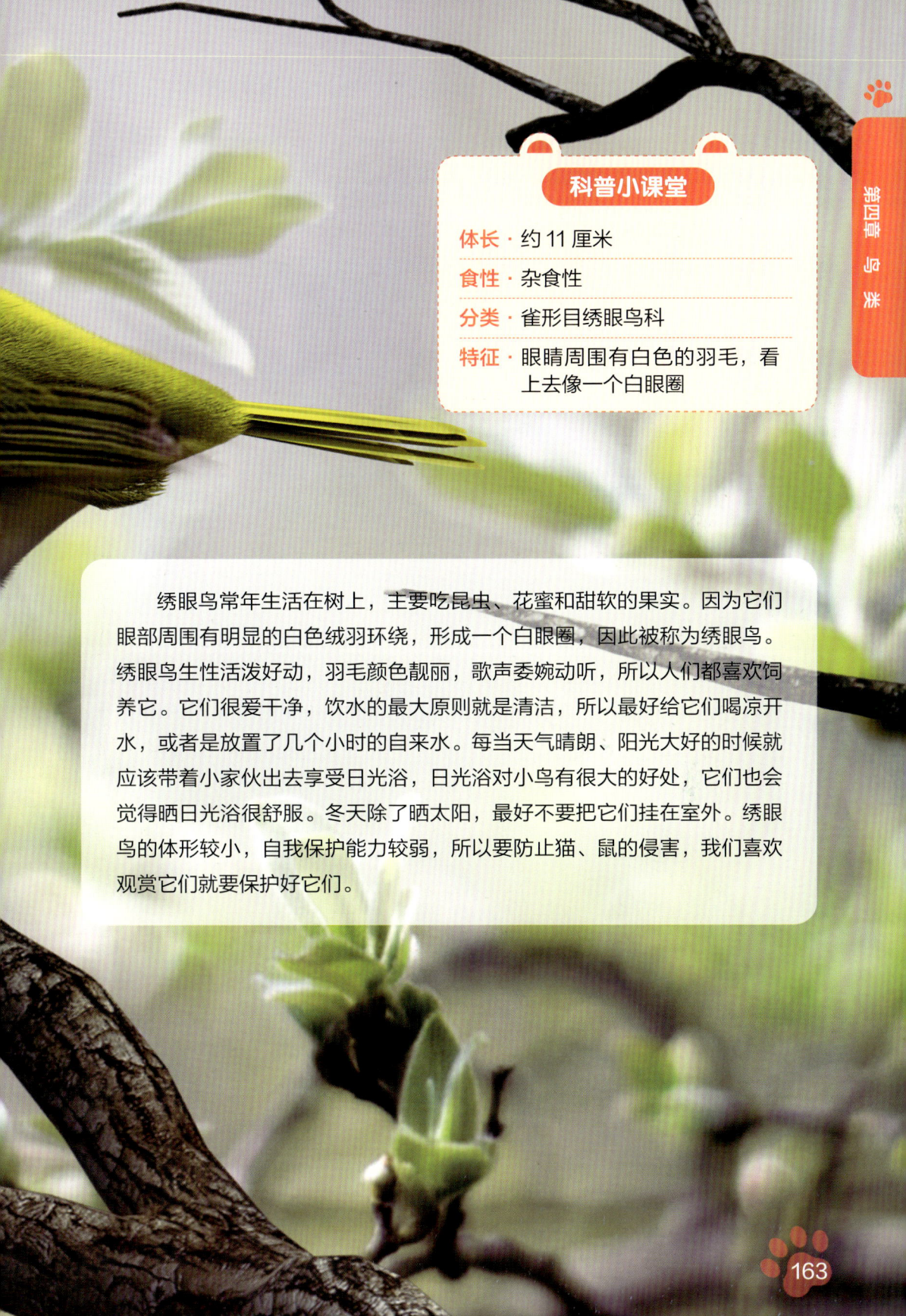

### 科普小课堂

**体长** · 约 11 厘米

**食性** · 杂食性

**分类** · 雀形目绣眼鸟科

**特征** · 眼睛周围有白色的羽毛,看上去像一个白眼圈

　　绣眼鸟常年生活在树上,主要吃昆虫、花蜜和甜软的果实。因为它们眼部周围有明显的白色绒羽环绕,形成一个白眼圈,因此被称为绣眼鸟。绣眼鸟生性活泼好动,羽毛颜色靓丽,歌声委婉动听,所以人们都喜欢饲养它。它们很爱干净,饮水的最大原则就是清洁,所以最好给它们喝凉开水,或者是放置了几个小时的自来水。每当天气晴朗、阳光大好的时候就应该带着小家伙出去享受日光浴,日光浴对小鸟有很大的好处,它们也会觉得晒日光浴很舒服。冬天除了晒太阳,最好不要把它们挂在室外。绣眼鸟的体形较小,自我保护能力较弱,所以要防止猫、鼠的侵害,我们喜欢观赏它们就要保护好它们。

# 黄鹂

### 科普小课堂

- **体长**·约 24 厘米
- **食性**·杂食性
- **分类**·雀形目黄鹂科
- **特征**·身体呈金黄色，翅膀和尾巴为黑色

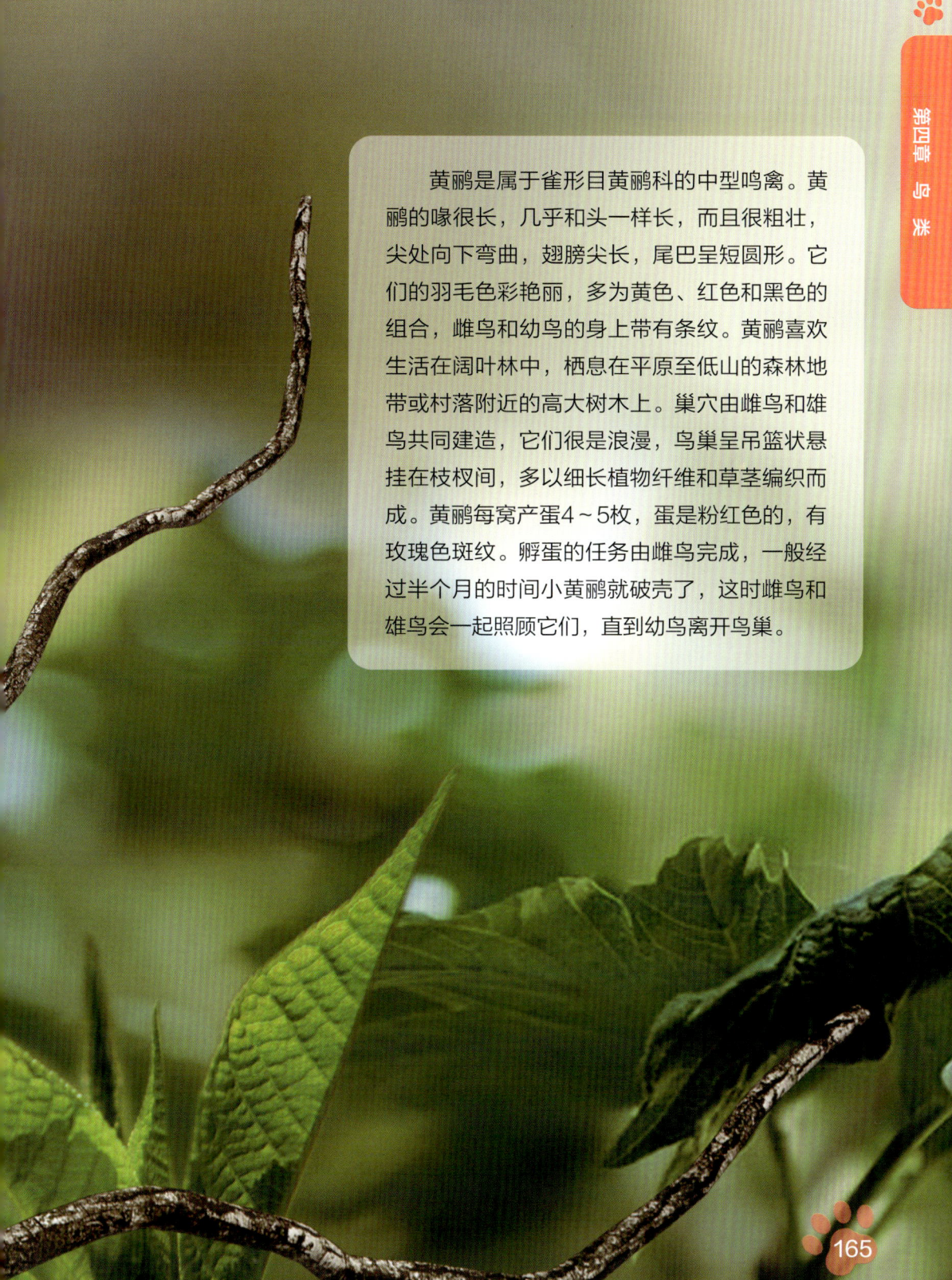

黄鹂是属于雀形目黄鹂科的中型鸣禽。黄鹂的喙很长,几乎和头一样长,而且很粗壮,尖处向下弯曲,翅膀尖长,尾巴呈短圆形。它们的羽毛色彩艳丽,多为黄色、红色和黑色的组合,雌鸟和幼鸟的身上带有条纹。黄鹂喜欢生活在阔叶林中,栖息在平原至低山的森林地带或村落附近的高大树木上。巢穴由雌鸟和雄鸟共同建造,它们很是浪漫,鸟巢呈吊篮状悬挂在枝杈间,多以细长植物纤维和草茎编织而成。黄鹂每窝产蛋4~5枚,蛋是粉红色的,有玫瑰色斑纹。孵蛋的任务由雌鸟完成,一般经过半个月的时间小黄鹂就破壳了,这时雌鸟和雄鸟会一起照顾它们,直到幼鸟离开鸟巢。

# 乌鸦

### 科普小课堂

**体长**· 50～60 厘米

**食性**· 杂食性

**分类**· 雀形目鸦科

**特征**· 全身羽毛为黑色，嘴巴比较大

乌鸦披着一身黑色的羽毛，它们的嘴巴、腿、爪也都是纯黑色的，表情严肃、深沉，性情凶猛，浑身充斥着一种神秘的气息。它们通身乌黑，加上灵敏的嗅觉让它们总是能出现在腐烂的尸体旁边，因此人们认为它们是不祥之鸟。其实它们也是很可爱的，它们聪明、活泼、易于交往，是应当受到人类关爱的鸟。其实乌鸦不都是黑色的，还有白化品种。乌鸦的食性比较杂，它们会吃浆果、谷物、昆虫、鸟蛋，甚至是腐烂的肉。

# 喜 鹊

古时候人们都希望每天早上一出门就能见到喜鹊，因为在中国喜鹊象征着吉祥、好运。喜鹊的体形较大，体长约50厘米，常见的羽毛颜色为黑白配色，羽毛上带有蓝紫色金属光泽，在阳光的照射下闪闪发光。喜鹊分布范围比较广泛，除南极洲、非洲、南美洲和大洋洲没有分布外，其他地区都可以看到它们的身影。它们可以在许多地方安家，尤其喜欢出没在人类生活的地方。但是喜鹊并没有想象中的那样好脾气，它们属于性情凶猛的鸟，敢于和猛禽抵抗。如果有大型猛禽侵犯它们的领地，喜鹊们会群起围攻，经过激烈的厮杀，使猛禽重伤甚至毙命。

第四章 鸟类

### 科普小课堂

**体长**·约 50 厘米

**食性**·杂食性

**分类**·雀形目鸦科

**特征**·颜色为黑色和白色，身上有蓝紫色的金属光泽

# 鸳 鸯

鸳指雄鸟，鸯指雌鸟，合在一起称为鸳鸯。鸳鸯雌雄异色，雄鸟喙为红色，羽毛鲜艳华丽带有金属光泽，雌鸟喙为灰色，披着一身灰褐色的羽毛，跟在雄鸟后面就像是一个灰姑娘跟着一个花花公子。它们喜欢成群活动，有迁徙的习惯，在9月末左右会离开繁殖地向南迁徙，次年春天会陆续回到繁殖地。鸳鸯属于杂食性动物，它们通常在白天觅食，春季主要以青草、树叶、苔藓、农作物及植物的果实为食，繁殖季节主要以白蚁、石蝇、虾、蜗牛等动物性食物为主。鸳鸯生性机警，回巢时，会先派一对鸳鸯在空中侦察，确认没有危险后才会一起落下休息，如果发现有危险则会发出警报，通知小伙伴们迅速撤离。

**科普小课堂**

**体长·** 41～49 厘米

**食性·** 杂食性

**分类·** 雁形目鸭科

**特征·** 雄性颜色艳丽，有帆状的飞羽，雌性为灰褐色

第四章 鸟类

# 鹈鹕

**科普小课堂**

**体长**·140～180厘米（包括嘴）

**食性**·肉食性

**分类**·鹈形目鹈鹕科

**特征**·嘴巴下面带有一个大的喉囊

鹈鹕分布于各大温暖水域，主要栖息于湖泊、江河、沿海和沼泽地区。鹈鹕体形较大，属于大型游禽，翼展宽3米，可以以每小时40千米的速度保持长距离飞行。嘴巴长30多厘米，是捕鱼的利器。它们生活在水上，善于游泳，在游泳时，脖子呈"S"形，并伴随着粗哑的叫声。每天除了游泳捕食，就是在岸上晒太阳、梳洗羽毛。鹈鹕的尾羽根部有个黄色的油脂腺，可以分泌大量的油脂，它们经常用嘴往身上的羽毛涂抹这种油脂，使羽毛变得光滑柔软，而且在游泳的时候可以保持滴水不沾。鹈鹕的蛋很奇特，刚产下的时候呈淡蓝色，不久就会变成白色。

第四章 鸟类

# 鸬鹚

鸬鹚属于大型食鱼游禽，善于游泳和潜水。它们的锥形喙强壮带钩，是捕鱼的利器。它们常常栖息于海滨、岛屿、湖泊以及沼泽地带。夏天，它们的头、颈和羽冠呈黑色，并带有紫绿色金属光泽，中间夹杂着白色丝状羽毛，下体呈蓝黑色，下肋处有一块白斑。到了冬季，鸬鹚下肋处的白斑消失，头颈也无白色丝状羽毛。它们不具备防水油，所以在潜水后羽毛会湿透导致不能飞翔，需要张开翅膀在阳光下晒干后才能展翅高飞。

### 科普小课堂

- **体长**·约90厘米
- **食性**·肉食性
- **分类**·鹈形目鸬鹚科
- **特征**·喙的末端有弯钩，喜欢在水边晾晒羽毛

# 大 雁

大雁是雁属鸟的统称，属于大型候鸟，是国家二级保护动物。大雁是人们熟知的一类需要迁徙的候鸟，它们行动非常有规律，常常在黄昏或者夜晚迁徙，人们经常可以看到大雁们排着"人"字形或"一"字形队伍从天空中飞过。大雁具有很强的适应性，一般栖息于有水生植物的水边或者沼泽地，属于杂食性鸟，以野草、谷类和虾为食。春天组成一小群活动，在冬天，数百只大雁一起觅食、栖息。

**科普小课堂**

体长·80～94 厘米

食性·杂食性

分类·雁形目鸭科

特征·头顶到后颈暗棕褐色，前颈近白色

第四章 鸟类

# 海 鸥

海鸥是一种中等体形的海鸟，它们在海边很常见，喜欢成群出现在海面上，以海中的鱼、虾、蟹、贝为食。在我国，它们每到冬天迁徙的时候会旅经东北地区向海南岛飞行，也会飞往华东和华南地区的内陆湖泊及河流。每年春天海鸥就会集结在内陆湖泊或者海边小岛上，然后开始筑巢、繁殖。虽然海鸥的巢穴分布比较密集，但是它们很好地规划了属于自己的领地，互不侵犯。

第四章 鸟类

**科普小课堂**

**体长**・40～46厘米

**食性**・肉食性

**分类**・鸻形目鸥科

**特征**・头颈躯干为白色,翅膀为灰色

# 贼 鸥

### 科普小课堂

**体长**·50～58厘米

**食性**·肉食性

**分类**·鸻形目贼鸥科

**特征**·羽毛呈褐色，眼睛周围通常呈黑色

贼鸥与海鸥长相类似，但它们要比海鸥粗壮，羽毛呈褐色，带有白色花纹。它们的喙黑得发亮，两只眼睛炯炯有神，像是在谋划着什么。因为它们经常偷盗抢劫，所以被叫作贼鸥，给人留下了不好的印象。贼鸥是到达过南极点的第二种生物。到了冬季，贼鸥会飞向大海，南方的贼鸥会飞往北方，在太平洋地区定期跨越赤道，在北方的贼鸥会飞向热带。它们是唯一一种既在南极又在北极繁殖的鸟。在北方，贼鸥只在大西洋地区繁殖，羽毛呈锈红色，在南方繁殖的贼鸥羽毛颜色从灰白色到浅红色到深褐色都有。

# 绿头鸭

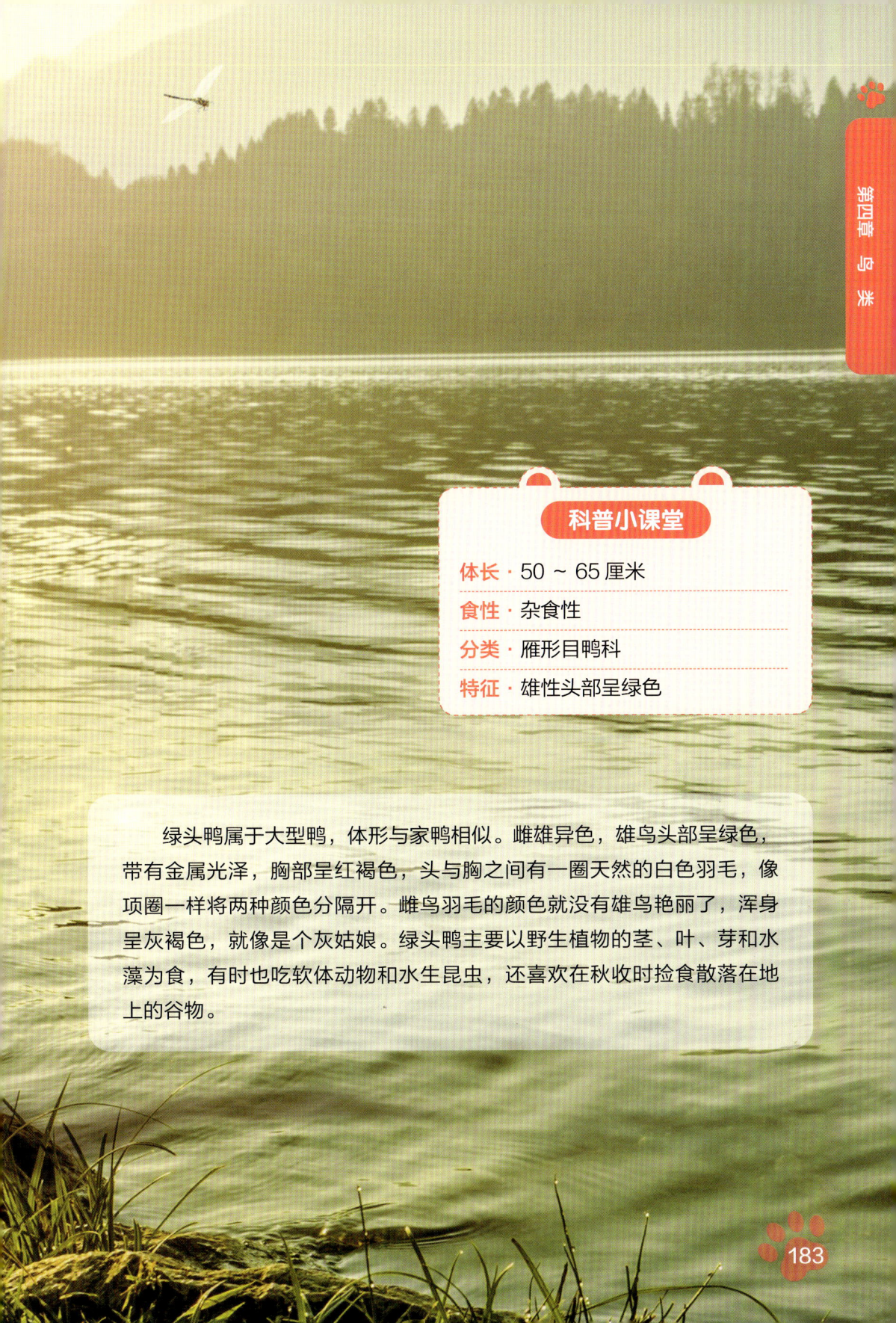

第四章 鸟类

### 科普小课堂

**体长**·50～65厘米

**食性**·杂食性

**分类**·雁形目鸭科

**特征**·雄性头部呈绿色

　　绿头鸭属于大型鸭，体形与家鸭相似。雌雄异色，雄鸟头部呈绿色，带有金属光泽，胸部呈红褐色，头与胸之间有一圈天然的白色羽毛，像项圈一样将两种颜色分隔开。雌鸟羽毛的颜色就没有雄鸟艳丽了，浑身呈灰褐色，就像是个灰姑娘。绿头鸭主要以野生植物的茎、叶、芽和水藻为食，有时也吃软体动物和水生昆虫，还喜欢在秋收时捡食散落在地上的谷物。

# 鲣鸟

鲣鸟属于热带海鸟，分布于世界各大热带海洋。它们浑身羽毛呈白色，带有部分黑色，头上有黄色光泽。嘴大部分为蓝色，两只蓝色的脚上带有大大的蹼。鲣鸟有极强的飞翔能力，也善于游泳和潜水，还可以在陆地上行走。鲣鸟以鱼类为食，特别喜欢吃鱼，也吃乌贼和甲壳类动物。它们经常在天气晴朗的时候盘旋在海面上，脖子伸直，脚向后蹬，低着头专注地望向海面，观察海面上鱼群的一举一动，遇到猎物，就会将双翅向身体两侧收紧，以迅猛的姿势一头扎向海里，在海中将猎物捕获，然后迅速地返回到空中。渔民也经常根据它飞行的方向和聚集的地方寻找鱼群，所以也被称为"导航鸟"。

第四章 鸟 类

**科普小课堂**

**体长**· 约 80 厘米

**食性**· 肉食性

**分类**· 鹈形目鲣鸟科

**特征**· 胸腹部为白色，脚掌为蓝色

# 军舰鸟

军舰鸟分布于全球的热带、亚热带的海滨和岛屿地区,中国只有西沙群岛有这种鸟。军舰鸟下肢短小,几乎无蹼,翼展达两米,善于飞翔。它们喉部有喉囊,可以用来储存捕到的食物。军舰鸟的羽毛没有防水油,不能下海捕食,所以它们经常抢夺其他海鸟口中的食物。

### 科普小课堂

**体长**·约 100 厘米

**食性**·肉食性

**分类**·鹈形目军舰鸟科

**特征**·羽毛为黑色,雄性有一个红色的喉囊

# 天 鹅

　　天鹅属于游禽，在生物分类学上是雁形目鸭科中的一个属，是鸭科中体形最大的类群，除了非洲外的各大洲均有分布。天鹅是冬候鸟，群居在沼泽、湖泊等地带，主要以水生植物为食，也捕食软体动物及螺类。觅食的时候，头部扎于水下，身体后部浮在水面上，所以只在浅水捕食。

第四章 鸟类

### 科普小课堂

**体长**·125～155厘米

**食性**·杂食性

**分类**·雁形目鸭科

**特征**·全身为白色，在前额部位有一个疣

# 帝企鹅

### 科普小课堂

**体长**·100～120厘米
**食性**·肉食性
**分类**·企鹅目企鹅科
**特征**·身材矮壮，耳部有橘黄色的斑纹

第四章 鸟类

　　在寒冷的南极生存着一群大腹便便的小可爱——帝企鹅。帝企鹅又称"皇帝企鹅"，是企鹅家族中个头最大的。最大的帝企鹅有120厘米高，体重可达50千克。帝企鹅长得非常漂亮，背后的羽毛乌黑光亮，腹部的羽毛呈乳白色，耳朵和脖子部位的羽毛呈鲜艳的橘黄色，给黑白色的羽毛一丝彩色的点缀。帝企鹅生活在寒冷的南极，它们有着独特的生理结构。帝企鹅的羽毛分为两层，能够阻隔外界寒冷的空气，也能保持体内的热量不散失。它们的腿部动脉能够按照脚部的温度来调节血液流动，让脚部获得充足的血液，使脚部的温度保持在冻结点之上，所以帝企鹅可以长时间站立在冰上而不会被冻住。

# 信天翁

信天翁是一种大型海鸟,大部分生活在南半球的海洋区域。过去,人们认为它们是上天派来的信使,能够预测天气,因而得名信天翁。信天翁是所有的大型鸟中最会飞行的,也是翅膀最长的。双翅完全张开后,翼展可以达到3~4米。它们的飞行能力特别强,除了在繁殖后代的时候会回到陆地上之外,其他时间基本上都是在海面上盘旋。

第四章 鸟类

### 科普小课堂

**体长**·300~400厘米

**食性**·肉食性

**分类**·鹱形目信天翁科

**特征**·翅膀极长

# 白鹭

**科普小课堂**

- **体长**·约56厘米
- **食性**·肉食性
- **分类**·鹳形目鹭科
- **特征**·全身羽毛为白色，在繁殖期头后面有两根长长的羽毛

第四章 鸟类

　　白鹭属于鹭科白鹭属，是中型涉禽，喜欢生活在沼泽、稻田、湖泊和河滩等处，分布于非洲、欧洲、亚洲及大洋洲。白鹭体形纤瘦，浑身羽毛洁白，喙部尖长，以各种鱼、虾和水生昆虫为食。它们会成群出发，然后各自捕食、进食，互不打扰，也会成群飞越沿海浅水追寻猎物，晚上回来时排成整齐的"V"形队伍。每年的5～7月是白鹭的繁殖期，它们和大部分种类的鹭一样，都是通过炫耀自己的羽毛来进行求偶的。它们喜欢成群地在海边的树杈上筑巢，巢穴构造简单，由枯草茎和草叶构成，呈碟形，离地面较近，最高的也不超过一米。

# 白 鹳

白鹳又叫"欧洲白鹳""西方白鹳",属于长途迁徙鸟,分布于欧洲、非洲西北部、亚洲西南部和非洲南部。白鹳的羽毛主要为白色,翅膀处带有黑色羽毛,黑色羽毛上带有绿色或紫色光泽,成鸟的腿为鲜红色。白鹳为肉食动物,喜欢在有低矮植被的浅水区寻找一些鱼、昆虫、小型哺乳动物和鸟,觅食时步伐矫健,边走边啄食,走累了就会把脖子缩成"S"形,单腿站立在沙滩或草地上休息。它们性情温顺,很少鸣叫,属于一种安静的鸟。

第四章 鸟类

**科普小课堂**

**体长**·100～130 厘米

**食性**·肉食性

**分类**·鹳形目鹳科

**特征**·喙和腿为红色，全身羽毛为白色，翅膀上有黑色的飞羽

# 朱鹮

**科普小课堂**

**体长**· 70 ~ 80 厘米

**食性**· 肉食性

**分类**· 鹳形目鹮科

**特征**· 全身羽毛为白色略带粉红色，面部没有羽毛，呈红色

朱鹮是国家一级保护动物，被誉为"东方宝石"。它们全身白色，头部、羽冠、背、双翅和尾部均有粉红色羽毛，初级飞羽的粉红色较重，飞翔时清晰可见。它的整个面部都没有羽毛，并且呈现鲜艳的红色，喙呈黑色，尖端有一点红色，脚也呈红色。朱鹮喜欢生活在有湿地、沼泽和水田的地方，在高大的乔木上做窝。它们性格孤僻，属于安静的鸟，除了起飞时鸣叫以外，其他时间一般不叫。朱鹮飞行时翅膀摆动很慢，白天出门觅食，晚上回到树上休息，常常在浅水处或者水田中觅食，主要吃一些鱼、虾、蚯蚓、昆虫等。它属于候鸟，到了秋季就要飞到中国黄河以南至长江下游过冬，每年春天再回到家乡繁殖。雌鸟和雄鸟共同孵化1个月，小雏鸟就出世了，雏鸟和父母一起生活7个月以后就可以离开了。朱鹮寿命最长的可达37年。

# 丹顶鹤

　　丹顶鹤属于大型涉禽，脖子和腿很长，头顶有红冠，大部分羽毛为白色。栖息于开阔平原、沼泽、湖泊、草地、海边、河岸等处，有时也出现在农田中。它们主要吃鱼、虾、水生昆虫、软体动物，有时也吃一些水生植物。丹顶鹤的鸣管有100厘米长，末端呈卷曲状，盘曲在胸前，这种特殊的发音器官，使丹顶鹤的叫声高亢、洪亮，声音能传出5000米。丹顶鹤的骨骼外部坚硬，内部中空，骨骼的坚硬程度是人类骨骼的7倍。每年入秋迁徙的时候，它们会集结成队，排列成楔形，这样的队形可以让后面的丹顶鹤利用到前面的气流，使飞行更加省力、持久。到了春天它们又会飞回到东北地区开始繁殖后代。

**科普小课堂**

**体长**·120～150 厘米
**食性**·肉食性
**分类**·鹤形目鹤科
**特征**·头顶部有一块裸露的红色皮肤

# 火烈鸟

火烈鸟这种古老的鸟,早在3000万年前就已经分化出来了。火烈鸟属于红鹳科,体形大小与鹤相似。它们腿长,脖子长,细长的脖子能弯曲呈"S"形,喙短而厚,中间部分向下弯曲,下喙呈槽状。捕食时,将头伸进水里,需要将喙倒转,才能将食物吸进喙里。它们主要栖息于温带及热带的盐水湖泊、沼泽等浅水地带,吃一些小虾、蛤蜊、昆虫和藻类。火烈鸟喜欢结群生活,鸟群数量巨大。就连繁殖时期求偶都是成群结队地去,但是它们可是一夫一妻制的。

**科普小课堂**

**体长**·120～140 厘米
**食性**·杂食性
**分类**·鹳形目红鹳科
**特征**·全身为粉红色，有弯曲的喙

第四章 鸟类

# 白头海雕

　　白头海雕又叫"美洲雕",是美国的国鸟,代表着力量、勇气、自由和不朽。美国国徽的图案就是一只胸前带有盾形图案的白头海雕。白头海雕的翼展可达220厘米,力量非凡,具有锋利的喙部和钩爪,目光敏锐,是海上比较凶猛的大型猛禽。白头海雕脚趾上弯曲的爪是它们最厉害的武器,在捕捉猎物时,它们会将自己锋利的爪深深地插入猎物的身体中,专刺要害,然后牢牢地抓住猎物,让猎物无法逃脱。

### 科普小课堂

**体长** · 70~90厘米

**食性** · 肉食性

**分类** · 隼形目鹰科

**特征** · 羽毛呈黑色,头部为白色,看上去很威武

第四章 鸟类

# 金　雕

金雕属于大型猛禽，成鸟翼展可达2米，体长足足有1米，浑身覆盖着褐色的羽毛。它们生活在草原、荒漠、河谷，特别是高山针叶林中，也常常盘旋在海拔4000米以上的悬崖峭壁之间，偶尔也在空旷地区的高大树木上停歇。它们的巢穴通常建造在高大乔木之上，有时也建在悬崖峭壁上。高冷的金雕喜欢独自出行，只有在冬天它们才会聚集在一起。它们善于用滑翔的姿势捕食猎物，两翅向上呈"V"状，用两翼和尾巴来调节方向、速度和高度，看到猎物以后，以每小时300千米的速度滑翔下来，将猎物紧紧抓住。金雕的食物种类很丰盛，如雉鸡、松鼠、鹿、山羊、野兔等。在古代，游牧民族曾经有驯养金雕狩猎和看护羊圈的习俗。

## 科普小课堂

**体长**·约100厘米，翼展可达200厘米

**食性**·肉食性

**分类**·隼形目鹰科

**特征**·翅膀宽大，头顶的羽毛为金褐色

# 秃　鹫

秃鹫属于大型猛禽，主要生活在低山丘陵、高山荒原和森林中的荒原草地、山谷溪流地带。它们身披黑褐色羽毛，翅展有200厘米长，善于滑翔。秃鹫的眼神凶狠，喙部锋利，以动物的尸体为食。它们在找不到食物的时候有极强的耐饥力，但只要一有机会就会饱餐一顿。值得一提的是，人们从未见过秃鹫的尸体，当它们预感到自己的死亡来临时，就会一直拼命飞向高空，朝着太阳飞去，直到太阳和气流将自己的身体消融。这就是它们临终的告别，乘风而来又乘风飞去。

### 科普小课堂

**体长**·90～120 厘米

**食性**·肉食性

**分类**·隼形目鹰科

**特征**·头颈部只有较少的绒羽或者没有羽毛

第四章 鸟类

# 雪鸮

**科普小课堂**

**体长**·50～70厘米
**食性**·肉食性
**分类**·鸮形目鸱鸮科
**特征**·全身为白色,有黑色的斑点

北美洲的冬季，广袤的北温带草原和稀疏的丛林，被皑皑白雪所覆盖，世界一片宁静，雪鸮就生活在这片宁静的土地上。它们是鸱鸮科的一种大型猫头鹰，头圆而小，喙基部长有须状的羽毛，几乎将喙部全部遮住。它们主要以鼠、鸟、昆虫为食，几乎只在白天出来活动。北极的夏季有极昼现象，冬季有极夜现象，因此到了冬天它们就要飞往南方。雪鸮几乎没有天敌，而且是个捕猎能手，它们的眼球不够灵活，但是头部可以转动270°，将狩猎范围尽收眼底。雪鸮的视觉非常灵敏，它们的眼睛含有大量的聚光细胞，可以观察远处极小的物体；它们的听觉也很灵敏，即使在草丛或者厚厚的冰雪下，也可以单凭听觉捕捉到猎物。雪鸮在苔原生态系统中有着重要的地位。

# 孔 雀

　　孔雀属于鸡形目，雉科，又名"越鸟"，原产于东印度群岛和印度。雄鸟羽毛华丽，尾部有长长的覆羽，羽尖带有彩虹光泽，覆羽可以展开，在阳光的照射下光彩夺目。孔雀的头部有一簇羽毛，更加凸显它们的高贵与美丽。孔雀生性机灵、大胆，常常几十只聚在一起，早晨鸣叫声此起彼伏。它们的翅膀不够发达，脚却强健有力，善于奔走，不善于飞行。行走的姿势与鸡一样，一边走一边头点地。孔雀生活在高山乔木林中，最喜欢生活在水边。它们在地面上筑巢，却喜欢在树上休息。孔雀的食性比较杂，主要以种子、昆虫、水果和小型爬行类动物为食。

### 科普小课堂

**体长** · 90 ~ 230 厘米

**食性** · 杂食性

**分类** · 鸡形目雉科

**特征** · 有着非常艳丽的羽毛颜色，长长的尾羽能够开屏

# 鸽 子

**科普小课堂**

**体长**·约 50 厘米

**食性**·植食性

**分类**·鸽形目鸠鸽科

**特征**·身体主要为灰色，家鸽有许多颜色不同的品种

　　鸽子，是一种生活中常见的鸟，在世界的各个角落都能看到它们的身影，尤其是在各地著名的广场上，它们与游人亲切互动，非常友爱。它们的出现距今已经有五千多年的历史了，陪伴着人类一路走来。鸽子很擅长在天空中自由自在地飞翔，它们的翅膀很大很长，有着强有力的飞行肌肉，所以，它们的飞行速度较快，耐力也比较强。

# 鸵 鸟

鸵鸟最早出现在始新世时期，曾经种类繁多，主要分布于非洲北部和亚欧大陆。鸵鸟是世界上最大的鸟，也是唯一的二趾鸟。它们身材高大，翅膀和尾部披着漂亮的长羽毛，脖子细长，上面覆盖着棕色茸毛，羽毛蓬松而且下垂，就像一把大伞，可以在沙漠中起到绝热的作用。鸵鸟长着一对炯炯有神的大眼睛，而且有非常好的视力，可以看清3~5千米远的物体。它们在群体进食时，不会一直低着头，会轮班抬头张望，这样可以在第一时间发现敌情，并以最快的速度躲避。

第四章 鸟类

**科普小课堂**

**体长** · 最大约 270 厘米

**食性** · 杂食性

**分类** · 鸵鸟目鸵鸟科

**特征** · 颈部和腿特别长，有黑色和白色的羽毛

# 金刚鹦鹉

### 科普小课堂

**体长**·约 100 厘米
**食性**·植食性
**分类**·鹦形目鹦鹉科
**特征**·颜色非常艳丽

　　金刚鹦鹉色彩明亮艳丽。它们体长约1米，重约1.4千克，是体形最大的鹦鹉。金刚鹦鹉最有趣的地方是它们的脸，脸上无毛，情绪兴奋时脸上的皮肤会变成红色，非常可爱。它们栖息在海拔450～1000米的热带雨林中，喜欢成对活动，在繁殖时期会成群活动。它们会在中空的树干内或悬崖的洞穴内筑巢。金刚鹦鹉每窝繁殖的后代很少，加上栖息地被破坏、猎捕严重等原因，导致它们的数量在慢慢减少。我们要大力保护它们，不要让这么可爱的金刚鹦鹉消失不见。

# 啄木鸟

在寂静的森林里，总是会传来"笃、笃、笃"的响声，听起来就好像是有人正在敲门一样。这是怎么一回事呢？原来，是一种非常特别的鸟正在用它们坚硬的喙敲打树干，它们就是啄木鸟。啄木鸟是鸟纲䴕形目啄木鸟科鸟的统称。这些鸟的头部比较大，喙部像凿子一样笔直而坚硬。它们用喙敲打树干其实是为了寻找躲藏在树干里面的昆虫。它们把尾巴当作支撑，用锋利的脚爪抓住树干，然后用坚硬的喙啄开树皮，把树干里面躲藏着的幼虫用细长的舌头钩出来吃掉。因为它们的主要食物是危害树木的昆虫，所以人们把啄木鸟叫作"森林医生"。

## 科普小课堂

**体长**·20～24厘米

**食性**·杂食性

**分类**·䴕形目啄木鸟科

**特征**·肩部和翅膀上有白斑

# 戴胜

## 科普小课堂

**体长**·25～32厘米
**食性**·肉食性
**分类**·戴胜目戴胜科
**特征**·喙细长，头顶有一个羽冠

戴胜是一种栖息于温暖干燥地区的鸟，它们通常分布在南欧、非洲、印度、马来西亚等地区，在中国云南地区也能够看到它们的身影。戴胜是以色列国鸟，它们的外形非常美丽，头顶凤冠状五彩羽冠，喙尖长狭窄，羽毛纹路错落有致。它们全身只有黑、白、褐三种颜色，却搭配出华丽之感，令人过目难忘。戴胜在树上做巢，主要以虫类为食，它们生性活泼，经常用长长的喙到处翻动寻找食物。戴胜在遇到危险时，头上的羽冠会张开，恢复平静后，羽冠就闭合起来。